L'AGRICULTURE CONTEMPORAINE

SA SITUATION, SES MOYENS D'ACTION

PAR

LOUIS BRUGUIÈRE

MEMBRE DE LA CHAMBRE CONSULTATIVE D'AGRICULTURE
DU DÉPARTEMENT DE LOT-ET-GARONNE
ET DE LA SOCIÉTÉ D'AGRICULTURE, SCIENCES ET ARTS D'AGEN

AVEC UNE PRÉFACE

DE

M. L.-A. LONDET

PROFESSEUR D'ÉCONOMIE RURALE ET DE LÉGISLATION A L'ÉCOLE RÉGIONALE D'AGRICULTURE
DE GRAND-JOUAN

PARIS

G. MASSON, ÉDITEUR

LIBRAIRE DE L'ACADÉMIE DE MÉDECINE

BOULEVARD SAINT-GERMAIN, EN FACE DE L'ÉCOLE DE MÉDECINE

1877

L'AGRICULTURE CONTEMPORAINE

AGEN — IMPRIMERIE DE P. NOUBEL — F. LAMY, SUCCESSEUR

L'AGRICULTURE CONTEMPORAINE

SA SITUATION, SES MOYENS D'ACTION

PAR

LOUIS BRUGUIÈRE

MEMBRE DE LA CHAMBRE CONSULTATIVE D'AGRICULTURE

DU DÉPARTEMENT DE LOT-ET-GARONNE

ET DE LA SOCIÉTÉ D'AGRICULTURE, SCIENCES ET ARTS D'AGEN

AVEC UNE PRÉFACE

DE

M. L.-A. LONDET

PROFESSEUR D'ÉCONOMIE RURALE ET DE LÉGISLATION A L'ÉCOLE RÉGIONALE D'AGRICULTURE
DE GRAND-JOUAN

PARIS

G. MASSON, ÉDITEUR

LIBRAIRE DE L'ACADÉMIE DE MÉDECINE

BOULEVARD SAINT-GERMAIN, EN FACE DE L'ÉCOLE DE MÉDECINE

—

1877

PRÉFACE.

Ce livre est un exposé des principaux progrès à réaliser dans la production agricole.
L'agriculture est entrée, depuis trente et quelques années, dans la voie des améliorations ;
çà et là, des cultures nouvelles ont été intro-
duites, les procédés d'exploitation perfectionnés, l'éducation du bétail améliorée, l'utilisation du sol mieux entendue, mais il reste
encore beaucoup à faire, aussi bien dans les
détails que dans l'ensemble et le progrès est
loin d'avoir atteint tous les développements
dont il est susceptible.

Le progrès en agriculture, voilà un mot
qu'il importe de définir et de préciser. Le progrès a pour but la création de la plus grande
somme possible de valeurs, et de produire

beaucoup avec des dépenses relativement peu
élevées. Tel est le principe de véritable économie rurale qui a guidé l'auteur de ce livre.
Nous ne le suivrons pas dans tous les développements qu'il a donnés à son travail; nous
voulons seulement indiquer en quelques mots
l'importance des questions qu'il a traitées.

Au début, il examine les différents modes
d'exploitation du sol : faire-valoir direct,
fermage, métayage ou colonage partiaire.
Quel est de ces trois modes le plus avantageux, le plus favorable aux améliorations culturales? Voilà la première question à résoudre
sur ce sujet.

Les améliorations agricoles exigent, suivant leur nature, plus ou moins de temps pour
être exécutées; elles fournissent, en général,
graduellement, des résultats de plus en plus
avantageux, mais ce n'est qu'au bout de plusieurs années qu'elles payent les avances
faites et qu'elles procurent à l'exploitant des
bénéfices. Dès lors, plus la jouissance est longue, plus les améliorations sont profitables.
Le propriétaire jouit de son sol à perpétuité;

il recueille tous les avantages des améliorations qu'il entreprend. Aucun autre n'est
placé dans une situation aussi favorable; le
fermier ne jouit que pour un temps déterminé,
il ne peut exécuter que les opérations qui
remboursent rapidement le capital dépensé
et fournissent en même temps un certain
profit. Dans son intérêt, il proscrit toutes les
améliorations de longue durée. Plus le bail
est long, plus le nombre des améliorations
qu'il peut faire avec avantage est considérable.
C'est avec raison que l'on conseille d'allonger
la durée des baux; par des clauses rationnelles,
il est facile de concilier à la fois l'intérêt du
propriétaire et l'intérêt du fermier tout en fa-
vorisant l'amélioration du sol.

Le colon partiaire est encore dans une
situation moins favorable que le fermier; sa
jouissance est plus courte, elle est souvent
annale pour les baux verbaux, de trois, six ou
neuf années pour les baux écrits; de plus, il
se rencontre certaines difficultés pour établir
des conventions équitables entre lui et le propriétaire; car l'un et l'autre participant dans

les dépenses, doivent profiter proportionnellement des produits obtenus. Ces deux causes,
vraies souvent, exagérées parfois, sont un
obstacle réel aux opérations productives. En
dernière analyse, le propriétaire est placé
dans la situation la plus favorable pour améliorer; vient ensuite le fermier, puis le colon
partiaire ou métayer.

Ce principe d'économie agricole est incontestable, mais d'autres considérations inter-
viennent dans l'application.

Le propriétaire ne veut pas ou ne peut pas
toujours s'occuper d'agriculture; alors il a
recours à la régie, au fermage ou au colonage
partiaire; le mode à préférer est déterminé
par la situation individuelle des propriétaires
et des cultivateurs et par les usages locaux.
Quel que soit le mode adopté, il est possible
d'exécuter des améliorations lucratives pour
les parties intéressées lorsque les conventions
sont établies d'après les règles d'une juste
équité.

Le chapitre des machines est traité avec

développements par l'auteur de cet ouvrage.
Les machines jouent actuellement et sont
appelées à jouer dans l'avenir un rôle important dans la production agricole. Il est essentiel, en effet, de produire économiquement.
C'est là le principal résultat obtenu des machines dont le travail coûte moins que celui
de la main-d'œuvre et est d'une perfection
suffisante lorsqu'elles sont employées et con-
duites avec intelligence. Un autre avantage
des machines, c'est de pouvoir exécuter un
travail donné avec une moindre quantité de
main-d'œuvre. A notre époque, l'emploi des
machines devient indispensable; une certaine
émigration de la population des campagnes
vers les villes a réduit la quantité de bras disponibles; d'un autre côté, la production agricole s'est accrue par de plus grandes surfaces
cultivées et par une augmentation de produits
obtenus.

L'emploi des machines mérite toute l'attention des producteurs; les bien choisir, en
comprendre le mécanisme, savoir les manœuvrer, les employer à propos, tels sont les

principaux points que l'on doit connaître pour
utiliser les machines avec succès.

L'adoption des machines ne produit pas
dans toutes les exploitations les mêmes résultats économiques. Le prix du travail d'une
machine est d'autant moins élevé qu'elle sert
plus de jours dans l'année; sous ce rapport.
les grandes exploitations sont plus favorisées
que les moyennes et les petites, mais pour ces
dernières, on peut recourir à l'association ou
à la location, comme cela se pratique dans
quelques localités pour diverses machines, notamment pour les machines à battre : économie dans les frais de production, besoin moins
considérable de main-d'œuvre, possibilité d'é-
tendre sur une plus grande échelle certaines
productions; tels sont les principaux avantages des machines

Quelques chapitres sont consacrés dans ce
livre au drainage et aux irrigations.

Les végétaux ne prospèrent que dans des
conditions normales de chaleur et d'humidité
eu égard à une fertilité donnée du sol. Dans

les sols humides momentanément, les plantes meurent ou languissent ou n'accomplissent qu'imparfaitement toutes les phases de leur végétation; les sols toujours humides ne produisent que des plantes de médiocre valeur. Enlever au sol l'humidité nuisible, c'est mettre la plante dans des conditions meilleures pour sa végétation et c'est faire en même temps une opération très productive.

Le drainage s'applique lorsque l'eau est en excès et l'irrigation lorsqu'elle fait défaut. Un juste équilibre entre ces agents de la végétation, chaleur et humidité est le but que l'agriculteur doit chercher à obtenir. L'eau est non-seulement un dissolvant nécessaire des matières fertilisantes contenues dans le sol, mais elle apporte par elle-même à la végétation des principes nutritifs. L'irrigation, utile partout, procure des résultats d'autant plus grands que le climat est plus sec et plus chaud ; c'est une opération que l'on ne doit pas négliger dans les climats méridionaux, lorsqu'elle est praticable.

Le bétail est l'objet de la troisième partie

de ce livre. Considéré autrefois comme un mal nécessaire, le bétail est de plus en plus en faveur dans l'agriculture actuelle, et c'est justice; car il contribue puissamment à la prospérité des exploitations rurales. Le cultivateur a besoin de réaliser chaque année une certaine somme en numéraire pour payer le fermage de son sol, l'entretien et le renouvellement de son capital d'exploitation, ses ouvriers, ses dépenses personnelles, etc.; il faut naturellement qu'il vende une partie des produits qu'il obtient, mais s'il ne fait pas un choix rationnel des produits vendus, il tarit dans sa ferme les sources de la production de l'avenir. En vendant cent hectolitres de froment, pour une valeur de deux mille francs, il exporte de son domaine une certaine quantité de matières azotées et phosphatées; s'il vendait de la paille pour la même somme il y aurait un épuisement du domaine beaucoup plus considérable. En vendant du bétail, l'épuisement est quatre ou cinq fois moindre que par la vente des grains pour la même somme réalisée. Exportant moins, il reste

plus dans le domaine et la fertilité est à peine
diminuée Si l'on ajoute à cela que l'entretien
du bétail exige une production plus abondante de fourrages et de fourrages variés et
que par suite il y a une utilisation meilleure
et plus complète des matières fertilisantes
du sol , on s'explique la prospérité des
exploitations qui entretiennent beaucoup de
bétail.

L'erreur économique commise à l'égard du
bétail provient, en premier lieu, de ce que
l'on a cru qu'il s'agissait de tirer de la terre
annuellement, sans considération de l'avenir,
la plus grande somme de valeur possible; en
second lieu, de ce que les comptes de productions ont été établis sur des bases erro-
nées et que l'on n'a pas su faire une répartition rationnelle des bénéfices.

La situation précaire faite aux fermiers ou
aux colons partiaires, a contribué dans une
large part à l'épuisement du sol; pour eux,
le bien, le mieux, c'est obtenir de suite les
plus grands produits, au risque de compromettre la production des années ultérieures;

car, ainsi, ils profitent de capitaux accumulés dans le sol par leurs devanciers.

L'opinion, généralement répandue, d'isoler les spéculations agricoles dans les calculs économiques a fait méconnaître le véritable rôle du bétail. En estimant les fourrages à un prix élevé et les engrais à bas prix, le bétail a toujours été en perte et les cultures en bénéfice dans un système lucratif. Et, cependant, pour faire des cultures exportables, il faut des engrais; pour avoir des engrais, du bétail et pour avoir du bétail, des fourrages.

Toutes les productions d'un même système sont solidaires l'une de l'autre, au point de vue matériel comme au point de vue économique: toutes, lorsqu'elles sont établies dans les relations voulues, concourent à la production des bénéfices; toutes, dès lors, doivent en recevoir une part proportionnée à leur concours dans la production, c'est-à-dire au capital qu'elles ont nécessité.

Envisagés ainsi, les calculs économiques prouvent que l'entretien du bétail est avantageux dans tout système lucratif.

Le bétail, à part quelques rares exceptions, est une des principales productions agricoles et des plus profitables. Pour cela, il faut le bien nourrir et l'améliorer.

Le bien nourrir et le nourrir économiquement, cela suppose une production fourragère suffisante à toutes les époques de l'année et permettant de constituer les meilleures rations.

La production fourragère étant obtenue, on peut songer, soit à l'entretien d'un bétail plus nombreux, soit à l'amélioration de celui que l'on possède.

L'amélioration du bétail est un résultat à ne pas négliger, car, améliorer le bétail, c'est se procurer un meilleur utilisateur des fourrages, ou, en d'autres termes, diminuer les dépenses pour un produit donné.

Dans les localités arriérées, le bétail s'améliore par une nourriture toujours régulière et substantielle; l'amélioration, en ce cas, devient rapide en procédant, suivant les circonstances, soit par un bon choix de reproducteurs , soit par les croisements entre les races indigènes ou avec introduction de races étrangères.

Par la sélection, les résultats s'accusent lentement, mais généralement sans mécomptes. Avec les croisements, il faut agir avec prudence et bien connaître les races choisies et leurs besoins pour réussir d'une manière complète. L'auteur de cet ouvrage cite sur ce sujet divers exemples et expose par quels procédés d'amélioration on est arrivé au succès.

Après le bétail, viennent l'engrais, les spéculations végétales, les systèmes de culture. L'examen de l'engrais porte sur deux points : la quantité et la qualité.

La quantité d'engrais employée, ou autrement dit, la fertilité des terres, a une influence importante sur le prix de revient des produits. Pour s'en convaincre, il suffit d'examiner avec attention les dépenses de culture; les unes sont en rapport avec l'étendue; que le produit soit faible ou élevé, elles ne varient pas; les autres sont proportionnelles aux produits; de là cette conséquence : que plus le rendement d'une culture s'élève, moins la part des dépenses, en raison de l'étendue à attribuer à cent kilogrammes de produits, est considérable et plus le prix de revient en est faible. Accroître la masse des engrais dans une exploitation agricole, pourvu que cet accroissement s'opère économiquement et que la répartition des engrais entre les cultures soit rationnelle, c'est augmenter la somme des bénéfices obtenus

La qualité de l'engrais est non moins utile à considérer que la quantité. L'engrais est de bonne qualité quand il contient, dans un état assimilable, toutes les substances nécessaires à l'alimentation des plantes cultivées; or, celles-ci sont constituees d'éléments divers en proportions variables. Elles renferment de l'azote, de l'acide phosphorique, de la potasse, de la chaux, de la magnésie, de la silice, etc. Tout sol fertile doit contenir ces différentes matières. C'est par un emploi rationnel de l'engrais que l'on atteint ce résultat. Dans tout système de culture de végétaux herbacés, il faut employer sur une large échelle des engrais complets, et souvent aussi il est utile de recourir aux engrais complémentaires, suivant les exportations faites dans le domaine ou suivant les matières fertilisantes fournies par le sol.

L'engrais le plus complet est le fumier de ferme; composé de litières et d'excréments animaux, il rend au sol toutes les substances contenues dans les pailles et dans les fourrages qui ont servi à la nourriture du bétail, déduction faite des matières constitutives des produits animaux et des pertes qui se produisent dans la préparation de l'engrais.

Les engrais du commerce, pris isolément, sont incomplets; les uns sont riches en azote, d'autres en acide phosphorique, d'autres en potasse, etc. Leur emploi est subordonné aux besoins des plantes, à la composition du fumier de ferme, à la nature du sol. L'agriculteur, dont les principales exportations sont, par exemple, les céréales et le lait, épuise son domaine chaque année d'une certaine quantité de matières azotées et phosphatées; s'il n'importe pas d'engrais contenant ces substances,

le fumier qu'il met dans le sol étant incom-
plet, c'est-à-dire, ne renfermant pas tous les
éléments nécessaires aux plantes dans les proportions voulues, n'est pas entièrement utilisé
Il reste dans le sol, apportées en excès par le
fumier, de la potasse, de la magnésie, de la
silice, etc., et ces matières ne servent à l'alimentation des plantes qu'après une addition
des substances qui font défaut. C'est pourquoi, en certains cas, les engrais du commerce
sont très utiles, à la condition, toutefois, d'en
faire un emploi judicieux. Ces engrais doivent former avec le fumier de ferme une alimentation complète pour les plantes et n'être
employés qu'à la dose voulue, sinon on fait
des dépenses en pure perte.

Avant de choisir un engrais du commerce,
il est essentiel d'être renseigné sur les points
suivants :

1° Quelles sont les matières exportées du
domaine par les produits vendus ?

2° Quelles sont les matières nutritives fournies naturellement et sans additions d'engrais
par le sol?

3° Quelles sont les substances assimilables contenues dans les engrais que l'on veut
acheter?

Les matières exportées annuellement du
domaine sont un indice presque toujours certain de la composition de l'engrais à employer.
L'essai d'engrais fait sur une petite échelle
apprend quelles sont les substances fournies
par le sol. L'analyse chimique fait connaître
le degré d'assimilabilité des substances contenues dans les engrais.

Avec un mélange de divers engrais du commerce on peut former un aliment complet
pour les plantes. C'est ainsi qu'on doit les employer, lorsqu'on en fait usage, pour accroître
les fumures ou pour donner au sol une fumure complète. Nous avons obtenu plusieurs
fois de belles récoltes de céréales cultivées
exclusivement avec un mélange de ces engrais
appropriés aux besoins des plantes.

Après avoir choisi les meilleurs engrais
pour composer un mélange convenable et
avant l'achat, il importe de savoir à quel prix
reviendra le mélange et quels résultats on en

obtiendra, afin de faire une opération lucrative. Le principe économique qui doit guider
dans toute entreprise agricole, c'est de ne
pas dépenser une valeur plus élevée que celle
que l'on produit, c'est de ne pas transformer
cent francs en quatre-vingts francs. La transformation, ou plutôt la production, doit re-
constituer le capital déboursé et fournir en
plus un excédant ou ce que l'on appelle un
bénéfice. C'est surtout dans l'ensemble des
productions, dans le choix du système de culture, que ce principe économique doit servir
de règle. Un bon système de culture bien ad-
ministré est la base du succès d'une entreprise agricole.

Le système de culture comprend un ensemble de spéculations végétales tel que la
production puisse se maintenir constamment.
Le choix et l'étendue des diverses cultures
doivent être déterminés en rapport avec la
nature du sol que l'on cultive, la fertilité dont
on dispose, le capital que l'on possède, la
main-d'œuvre et les débouchés qui existent
dans la localité.

Le problème à résoudre est, comme on le voit, assez compliqué; il s'agit non d'adopter un système préconçu, mais un système déduit des diverses conditions dans lesquelles on opère. Dans une terre pauvre, le système est différent de celui d'une terre riche. Dans les localités où la main-d'œuvre fait défaut, les cultures ne peuvent être les mêmes que dans celles où elle est plus abondante; la fertilité du sol est quelquefois un obstacle à l'adoption de certaines cultures.

Ce qu'on doit toujours se proposer, c'est de cultiver mieux que l'on ne fait dans la localité, car partout il reste des progrès à faire, aussi bien dans les localités riches que dans les localités pauvres. Le progrès, on peut le dire, est loin d'avoir atteint ses dernières limites.

La marche à suivre est indiquée par les lois de l'économie. Il faut toujours, année par année, que le système soit productif, c'est-à-dire que la valeur des produits annuels dépasse la valeur des dépenses et que les améliorations de longue durée que l'on entreprend soient sagement combinées et amortissent le capital avancé et, en plus, fournissent un bénéfice.

Cette manière de procéder ne produit que des transformations graduelles, plus ou moins rapides, suivant les domaines où l'on opère, mais n'occasionne jamais de mécomptes.

Chercher à obtenir la transformation subite d'un domaine, c'est souvent méconnaître les lois naturelles de la production agricole et les lois économiques auxquelles elle est soumise, lois que l'agriculteur est impuissant à modifier ; c'est souvent se préparer un échec ou la ruine.

La classification des systèmes de culture adoptée par l'auteur de cet ouvrage est, selon nous, la plus rationnelle. L'association de plusieurs systèmes de culture donne l'ensemble de la production d'un domaine.

Au premier rang des systèmes de culture se rencontre le système avec production et consommation d'engrais. Ce système est presque toujours le plus important dans une exploitation agricole. Il est caractérisé par les relations entre les plantes exportables et les

plantes fourragères, entre les plantes fourragères et les spéculations animales. Un hectare
de froment, par exemple, nécessite la pro--
duction d'une certaine quantité d'engrais;
de là l'entretien d'animaux d'espèces variées
et objets de spéculations diverses. Pour
nourrir ces animaux, il faut des fourrages en quantités suffisantes à toutes les
époques de l'année, fourrages secs, racines,
fourrages verts, etc., pour constituer une
alimentation convenable; il faut, en outre,
que les étendues cultivées fournissent assez
d'engrais pour réparer l'épuisement des fourrages et des plantes dont les produits sont
exportés.

La production des engrais en égale-t-elle
la consommation? on a affaire à un système
stationnaire. La production en engrais en dé-
passe-t-elle la consommation? le système est
améliorant. La consommation des engrais en
est-elle supérieure à la production? le système
est épuisant. Ces trois cas résultent de la
relation de la production fourragère à la production de denrées exportées.

L'établissement d'un système de culture semblable dans une exploitation agricole nécessite la connaissance des lois économiques, dont les principales sont celles-ci : faire d'abord un système de culture praticable, et, en second lieu, choisir les spéculations les plus avantageuses, en plantes exportables, en plantes fourragères et en animaux, car, si en détail les spéculations adoptées sont les plus profitables, le système qui résume l'ensemble sera naturellement le plus lucratif.

L'engrais, répète-t-on tous les jours, fait défaut dans les fermes. Le déficit, en effet, est d'autant plus grand que l'on exporte plus de matières azotées et minérales. Réduire l'exportation des matières, sans réduire la somme des valeurs économiquement réalisée, tel est le premier point à résoudre. Nous l'avons déjà dit, l'exportation des produits animaux est, sous ce rapport, de beaucoup préférable à l'exportation des produits végétaux. Il faut, en outre, ne rien laisser perdre des subtances que l'on peut transformer en engrais, telles que feuilles, débris végétaux, etc.

Il faut bien préparer les engrais et éviter les pertes de purins et autres matières fertilisantes autant qu'il est possible. Il faut savoir profiter des substances alimentaires que le sous-sol peut contenir par la culture des plantes à racines pivotantes, comme la luzerne, le trèfle, le sainfoin.

Même après l'emploi de ces divers moyens il est souvent avantageux d'importer des engrais en rapport avec la composition des denrées vendues et dans des limites déterminées. C'est alors que l'on détermine l'importance du système de culture avec importation d'engrais.

L'économie démontre que, pour qu'une culture soit profitable, la fertilité du sol doit atteindre un certain degré. Au-dessous d'une quantité de produits, variable suivant les localités et les fermes, il y a perte. Au-dessus, le bénéfice s'accroît progressivement. Il résulte de cette loi que l'on a souvent avantage à restreindre les étendues cultivées lorsqu'on ne dispose pas d'abondantes fumures.

Ceci explique pourquoi les systèmes de

culture des jachères, des pâturages et le système alternatif sont appliqués en diverses
circonstances. La pénurie de capital ou de
main-d'œuvre oblige souvent aussi à adopter
ces systèmes.

Le système des jachères est préférable aux
autres systèmes parce qu'il y a meilleure préparation du sol et augmentation de fertilité.
Le système des pâturages est à son tour supérieur au système alternatif, en ce sens qu'il
est plus productif et qu'il favorise moins la
croissance des mauvaises plantes. Le système
des pâturages affecte différentes formes; nous
parlons ici de celui que l'on introduit dans les
assolements. Ailleurs, comme dans les terres
où la production de l'herbe est seule possible,
ou lorsque la végétation des herbes est
très lente, le système des pâturages est seul
praticable.

Le système des étangs consiste dans l'alternance de la culture et de la production du
poisson; ce qui suppose une configuration
particulière du terrain et la possibilité de ras-
sembler économiquement sur un point une

certaine quantité d'eau. Avec ce système, la
fertilité du sol est due aux eaux pluviales qui
entraînent quelques matières fertilisantes des
terrains sur lesquels elles tombent et s'écou-
lent. N'est-ce pas là un exemple qui prouve
que l'on peut toujours tirer un parti avantageux des eaux pluviales, soit qu'on s'en serve
à l'irrigation, soit qu'on leur fasse traverser
un réservoir où elles laissent un dépôt fer-
tilisant.

Quand la terre est peu fertile et n'est pas
cependant impropre à la culture, c'est le système forestier qu'il faut employer; les arbres,
avec leurs racines qui s'étendent profondément, utilisent la maigre fertilité qui se
trouve dans le sol et le sous-sol, donnent des
produits rémunérateurs, et, avec le temps,
améliorent par leurs débris annuels la couche
superficielle.

Le système des cultures arborescentes a
quelque analogie avec le système forestier par
le mode d'épuisement des végétaux, mais il est
de beaucoup plus lucratif quand il est bien
appliqué.

Nous ne nous arrêterons pas plus longue-ment sur ce sujet, nous avons voulu seule-ment faire ressortir un point, c'est que les systèmes de culture ont pour but principal la conservation et la meilleure utilisation de la fertilité du sol.

Dans une exploitation agricole, avons-nous dit, il y a souvent plusieurs systèmes de cul-ture dont la réunion forme le système de pro-duction. L'importance à attribuer à chacun d'eux doit permettre de conserver et même d'augmenter la fertilité, tout en obtenant les bénéfices les plus élevés, car tel est le but final de tout producteur.

Le livre dont nous venons de retracer à grands traits les principaux chapitres nous paraît appelé à rendre de véritables services; les propriétaires, les agriculteurs y puiseront de sages conseils; aussi espérons-nous qu'ils lui feront un accueil des plus favorables.

L.-A. LONDET.

INTRODUCTION.

———

L'agriculture a subi, pendant ces dernières années,
d'importantes modifications bien plus réelles qu'appa-
rentes. Il y a encore une vingtaine d'années, la production agricole avait pour but principal les récoltes
de céréales ; on donnait à ces cultures les plus
grandes étendues et on les augmentait autant qu'on le
pouvait ; le bétail, disons le mot qui a servi à caracté-
riser cette situation, était considéré comme un mal
nécessaire ; on ne l'entretenait dans la ferme que pour
avoir du travail et du fumier en certaine quantité pour
les cultures arables et on ne consacrait aux plantes
fourragères que les surfaces les plus limitées. Les
choses ont bien changé. Dans la plupart des localités, la tendance générale est aujourd'hui vers
l'extension des cultures fourragères et la production
d'une plus grande quantité de bétail. Dans les pays
complétement pauvres, tels que les landes de Bretagne

et de Gascogne, le blé a remplacé le seigle, et celui-ci
la lande sur bien des points. Dans les riches plaines,
autrefois assujetties au régime de la jachère et à la culture unique du blé, les plantes fourragères et les prairies artificielles ont permis d'élever un bétail plus
nombreux , d'accroître le niveau de fertilité du sol
et, par suite, d'obtenir des récoltes de céréales plus
abondantes.

Deux causes principales ont contribué à cette grande
transformation. En premier lieu, la facilité des com-
munications a modifié les lois de la production ; en
second lieu, l'enseignement des concours régionaux ou
locaux, la propagande des écoles ou de la presse ont
vulgarisé de plus en plus les connaissances agricoles.
Les concours ont été l'objet , nous ne l'ignorons pas ,
de vives critiques ; mais il est impossible de nier qu'on
leur doive, en partie, la transformation de nos races
d'animaux domestiques.

Tels sont les résultats acquis. Mais cette évolution
des lois de la production doit-elle s'arrêter aujourd'hui ?
La rareté et la cherté croissante de la main-d'œuvre,
les nouvelles libertés commerciales, l'abaissement des
droits d'entrée sur les céréales, ne semblent-ils pas, au

contraire, faire présager des modifications plus radi-
cales encore?

Nous n'avons pas l'intention de faire, dans des limites
aussi restreintes que celles de ce livre, un traité d'agriculture. D'autres, et ceux-là sont nos maîtres, l'ont
fait avant nous ; pour ceux qni veulent apprendre,
leurs travaux et leurs leçons sont encore ouverts, et
chacun peut y puiser. Nous avons cru, néanmoins,
nous rendre utile en exposant, parmi tant de tentatives
faites en agriculture, celles qui sont réellement acquises à la pratique et en signalant aux cultivateurs
les procédés mis en œuvre pour arriver à ces résultats.
Des études spéciales, une expérience déjà assez longue
et, enfin, la pratique depuis une dizaine d'années des
concours régionaux où nous avons eu l'honneur d'être
appelé comme membre des jurys, nous ont permis de
suivre le progrès dans ses évolutions et de porter un
jugement motivé sur les diverses théories tour à tour
préconisées.

Le travail qu'on va lire ne porte que sur les questions qui nous paraissent les plus importantes : les
méthodes d'exploitation du sol, l'emploi économique
des machines et des engrais, les spéculations ani-

males et, enfin, les systèmes de culture. D'autres pro-
blèmes peuvent encore agiter le monde agricole ; mais
nous croyons préférable de les réserver. Plusieurs
d'entre eux trouveront, du reste, une application dans
l'ensemble des principes généraux que nous allons
exposer.

L. B.

PREMIÈRE PARTIE

DES MOYENS D'EXPLOITATION DU SOL
EN GÉNÉRAL

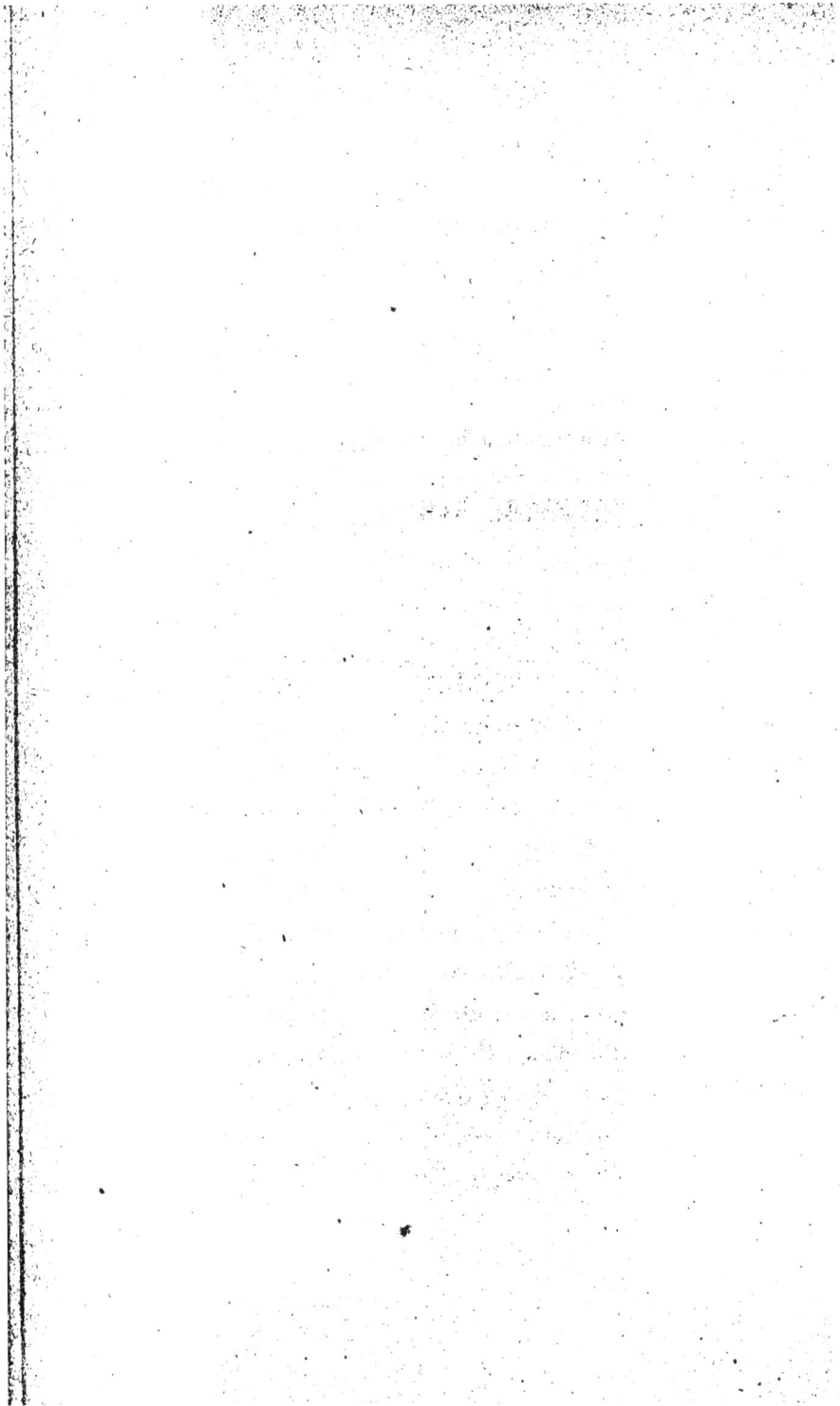

CHAPITRE Ier.

—

La première préoccupation de l'homme qui entre dans la vie agricole et devient propriétaire d'un domaine, soit par héritage, soit par achat direct, est de déterminer le système qui devra être adopté pour obtenir de ce domaine le revenu le plus considérable. La même question se pose pour le propriétaire d'un domaine qui en a accru l'étendue par des défrichements. Dans l'un et dans l'autre cas, il faut trouver une combinaison qui permette d'atteindre le but définitif de la propriété, c'est-à-dire le revenu le plus élevé. En d'autres termes, il faut trouver le meilleur système d'exploitation du sol.

La propriété a passé par bien des vicissitudes depuis que l'agriculture est en honneur dans les nations. Le sol appartenait d'abord à l'Etat, c'est-à-dire au suzerain lui-même ; il est passé successivement entre les mains des seigneurs féodaux, des communes, des associations religieuses ou laïques, pour devenir enfin la propriété des individus. En

3

France, cette transformation s'est opérée lentement
et à travers les siècles; la dernière étape de la
situation actuelle date de 1789. Dans quelques autres
pays, nous voyons ces changements s'accomplir encore de nos jours, chacun d'eux étant, en quelque sorte,
le signe caractéristique d'un nouvel ordre social. Ce
serait sortir du cadre que nous nous sommes tracé,
que de chercher les causes qui produisent ces
modifications et les circonstances qui les voient
encore éclore; nous devions simplement signaler le
fait, qui nous sert de point de départ, et nous restreindre aux lois qui régissent actuellement la propriété
chez nous.

Nous étudierons successivement les principales méthodes d'exploitation du sol en France, en décrivant
à grands traits les caractères de chacune d'elle, ses
avantages, ses inconvénients et le parti qu'un propriétaire intelligent peut tirer de la situation particulière dans laquelle il se trouve placé.

I

Les méthodes d'exploitation du sol aujourd'hui
adoptées en France peuvent se résumer de la façon
suivante : 1° le faire-valoir direct; 2° le fermage; 3° le
métayage ou colonage partiaire.

Le faire-valoir direct n'a pas besoin de définition ; c'est la situation du propriétaire exploitant lui-même son domaine à ses risques et périls. L'exploitation directe d'un domaine exige la présence presque continuelle du propriétaire ; elle demande, en outre, des connaissances théoriques et pratiques en agriculture que celui-ci ne possède pas toujours. Pour obvier à ces inconvénients et pour permettre au propriétaire de remplir les devoirs qu'une situation sociale importante lui impose souvent, la coutume s'est répandue d'avoir recours aux agents connus sous le nom de régisseurs. On peut dire aujourd'hui que sur la plupart des domaines exploités directement par les propriétaires, surtout lorsque ces domaines ont une étendue assez considérable, les soins de la direction et des travaux culturaux sont partagés entre le propriétaire et un ou plusieurs régisseurs. Cette combinaison a des avantages, mais elle présente parfois de sérieux inconvénients.

Les qualités que doit présenter un régisseur sont nombreuses, on peut toutefois les résumer en deux principales, savoir : la probité et l'habilité. La probité est une qualité indispensable, plus nécessaire peut-être que dans beaucoup d'autres circonstances de la vie ; le régisseur, en effet, a de nombreux ouvriers à surveiller et à payer, des fonds importants à manipuler, et le

contrôle que le propriétaire peut exercer est souvent
très-difficile. Si le régisseur n'est pas guidé par les lois
d'une conscience sévèrement honnête, il peut causer
de graves préjudices au propriétaire dont il est appelé
à représenter les intérêts, il peut même parfois le
mener à une ruine presque complète. Les exemples
sont malheureusement trop fréquents de régisseurs ou
d'intendants enrichis aux dépens de propriétaires,
dont ils achètent parfois les domaines avec le profit de
leurs dilapidations.

L'habileté est une autre condition que doit remplir
le régisseur. Quelque honnête qu'il soit, il sera inca-
pable de sauvegarder les intérêts du propriétaire,
d'assurer le rapport de la propriété et surtout l'augmentation du revenu, s'il ne jouit pas de capacités bien
constatées. Le choix, dans ces conditions, est aujour-
d'hui difficile à faire ; on rencontre des praticiens
habiles, mais élevés dans la routine, et on trouve, d'un
autre côté, d'anciens élèves des écoles d'agriculture
ou des fermes-écoles, auxquels on reproche parfois,
au contraire, de vouloir marcher trop vite dans la
voie des améliorations et de compromettre ainsi les
intérêts du propriétaire.

Quand le propriétaire a rencontré un régisseur
d'une probité irréprochable et dont les capacités sont
bien constatées, il a de grandes chances de réussir

dans l'exploitation de son domaine, d'en assurer et
même d'en accroître le revenu. Il doit lui déléguer
toute son autorité sur le personnel de l'exploitation,
lui abandonner une partie de la direction; mais il doit
avoir bien soin de conserver la surveillance générale
de l'ensemble des opérations dont l'exécution incombe
au régisseur et dont lui seul a la responsabilité.

Quelques propriétaires ont, depuis un certain nombre d'années, adopté un système avec les régisseurs
qui a jusqu'ici produit les meilleurs résultats et qui
nous paraît appelé à se généraliser. Dans la plupart des
circonstances, on tache de diminuer, autant que possible, en vue de restreindre les frais d'exploitation, les
appointements des régisseurs : ceux-ci se bornent
alors à remplir strictement leur devoir, sans chercher
à réaliser des améliorations qui pourraient augmenter
les revenus du domaine, sans aucun bénéfice pour eux.
Le nouveau système combat cet inconvénient en intéressant le régisseur dans les bénéfices, en dehors de
ses appointements. Le bon résultat de cette nouvelle
disposition est facile à comprendre; car, chaque effort
fait en vue de l'augmentation du bénéfice net, vient
accroître infailliblement les bénéfices du régisseur. Ce
dernier est donc continuellement porté à rechercher
les meilleurs moyens d'augmenter les revenus du sol;
il agit ainsi à la fois dans son intérêt et dans celui

du propriétaire. L'application de ce système est d'ailleurs facile ; la balance de fin d'année suffit pour
constater les bénéfices ou les pertes sur l'exercice
précédent et, par conséquent, pour déterminer l'augmentation de la production ou sa diminution. Les
bénéfices faits au-delà d'une certaine quotité fixée
d'avance sont alors partagés entre le propriétaire
et le régisseur d'après des proportions déterminées.
Le régisseur qui sait qu'au-delà d'un certain chiffre
de bénéfice, il aura droit à cinq ou six pour cent sur
l'excédant, est poussé à faire tous ses efforts pour
augmenter ces bénéfices. D'un autre côté, le propriétaire évite, autant qu'il lui est possible, les risques de perte. Cette combinaison permet donc de
donner, d'une manière simple et rationnelle, complète satisfaction à deux intérêts qui, au premier
abord, paraissent opposés.

II

Lorsque le propriétaire ne peut pas ou ne veut pas
exploiter lui-même son domaine, il a recours au fermage. Sous quelque forme que se présente le fermage,
on peut le définir : une cession temporaire d'un
domaine par son propriétaire à un homme qui l'ex-
ploite à ses risques et périls, et paie chaque année une

redevance déterminée, indépendante de la plus ou moins grande abondance des récoltes. Les obligations réciproques du propriétaire et du fermier sont consignées dans un bail signé par les deux parties. En dehors des clauses de ce bail, de la loi et des usages, le propriétaire est complétement étranger à son domaine; mais il a le droit de surveiller son fermier, afin de constater si celui-ci observe bien les clauses qui lui sont imposées.

Le fermage est indiqué naturellement pour le propriétaire qui habite loin de son domaine, pour celui qui ignore l'agriculture ou que des occupations absorbantes retiennent dans les travaux d'une profession libérale, de l'industrie ou du commerce. Dans ces conditions, si le bail est fait d'une façon équitable et si le fermier en accomplit bien toutes les prescriptions, la valeur du domaine sera accrue, on peut le dire d'une manière à peu près certaine, à la fin du bail.

Il est peut-être encore plus difficile de trouver un bon fermier qu'un bon régisseur. Le fermier, en effet, est un industriel qui prend la terre d'autrui pour l'exploiter à ses risques et périls. Il doit donc avoir fait un apprentissage complet de la pratique agricole, et être capable de diriger avec fruit l'exploitation du domaine; s'il n'a pas l'habilité nécessaire, non-seulement il marche à sa ruine, mais il compromet en même temps les intérêts du propriétaire en ne payant pas les arrérages de son bail et en épuisant la richesse du sol par des cultures mal ordonnées. L'habileté, d'ailleurs, ne lui sufût pas ; il doit avoir les capitaux nécessaires pour munir la ferme d'un cheptel convenable soit en bétail, soit en instruments de travail, et pour pourvoir aux frais de l'exploitation. On l'a dit souvent et on ne saurait trop le répéter, la terre est avide, et si l'on veut qu'elle donne avec abondance et régularité ses fruits, il faut lui faire des avances considérables.

Le fermage, quand on a rencontré un bon fermier, assure le revenu de la terre pour le propriétaire. Ce revenu est fixe, et enlève tout souci et toute préoccupation au détenteur du sol. Aussi, le trouve-t-on surtout répandu dans les contrées où le sol a déjà une fertilité acquise. Lorsque le sol est pauvre, au contraire, on ne rencontre que difficilement des fermiers capables ; ceux-ci sont peu disposés, effectivement, à faire des avances qu'ils savent ne devoir retrouver qu'au bout d'un grand nombre d'années. D'ailleurs, la plupart du temps, leur capital est trop restreint pour leur permettre d'en immobiliser une partie, même avec la certitude de le retrouver plus tard avec usure.

Le système du fermage a, d'un autre côté, des inconvénients graves qu'il importe de signaler. Le propriétaire peut être considéré dans ces conditions comme un capitaliste qui a placé son argent dans la terre et qui, par conséquent, ne doit en avoir que l'intérêt. Sur un produit brut de 200 à 300 francs par hectare, sa rente sera, par exemple, de 60 à 70 fr. C'est peu, et c'est moins que le bénéfice retiré par le fermier de l'exploitation du domaine. En outre, d'après les habitudes actuelles de l'agriculture française, les baux ne sont consentis que pour une période de temps relativement courte. Le fermier, eut-il la bonne volonté de faire des avances au sol pour en amener l'améliora-tion, ne peut pas entreprendre de travaux durables; s'il exécute quelques améliorations pendant les pre-mières années de son bail, il fait tous ses efforts pen-dant les dernières années pour rentrer dans son capital. La conséquence de cet état de chose est l'épuisement de la terre, et le propriétaire se trouve heureux, à la fin du bail, quand on ne lui rend pas un sol ayant une moindre valeur qu'à l'origine.

Les inconvénients qui viennent d'être décrits ont frappé depuis longtemps l'esprit des agriculteurs, et l'on a proposé différents moyens d'y remédier. Le meilleur serait de prendre l'habitude de rédiger des baux de longue durée; le propriétaire y gagnerait comme le fermier. Ce dernier pourrait chercher à faire des améliorations avec la certitude d'en profiter,

tandis que le propriétaire verrait la valeur de sa terre
s'accroître progressivement. Il n'aurait pas les profits
immédiats, mais il aurait ceux de l'avenir assurés pour
longtemps.

Dans les sols riches du nord de la France, les fermiers sont aujourd'hui de véritables industriels qui
n'hésitent pas à engager des sommes considérables
dans les spéculations agricoles; ils accroissent leur
fortune par leur habileté, et ils augmentent aussi celle
du propriétaire. Les terres ainsi cultivées acquièrent
quelquefois une valeur vénale double et triple en un
nombre d'années restreint et, quoi qu'on dise, c'est là
la meilleure pierre de touche d'un système agricole.

Pour avoir un bon fermier, il faut, comme on le
voit, trouver réunies chez un homme des qualités que
l'on ne rencontre que difficilement, surtout dans certaines parties de la France. Au propriétaire qui ne peut
ou ne veut pas cultiver par lui-même, et qui, d'un autre
côté, ne rencontre pas de fermier auquel il puisse donner son domaine à bail, il reste une ressource, le métayage. C'est cette troisième méthode d'exploitation
du sol que nous devons étudier maintenant.

Le métayage a des partisans ardents, mais il a aussi
des détracteurs passionnés. Pour ceux qui veulent faire
plier la production agricole sous des règles fixes et
absolues, il paraîtra difficile d'admettre que cette

antique institution puisse encore avoir aujourd'hui
quelque raison de subsister; pour eux, c'est la routine
avec tous ses vices. Nous avons vu le métayage de
près; il existe encore autour de nous, et nous pouvons
répondre à ses adversaires qu'il y a un bon et un
mauvais métayage, et que le métayage est souvent
la seule solution favorable au progrès agricole. Aussi,
allons-nous consacrer un chapitre spécial à cette
question.

III

Si nous ne tenons pas compte de la culture de la
vigne qui, dans beaucoup de départements viticoles,
se fait par métayage, et que nous cherchions la répartition des modes de culture par métayage ou par fermage, dans les diverses parties de la France, nous
arrivons aux résultats suivants : le fermage est la règle
générale dans le nord et l'est de la France ; il devient
moins fréquent dans le centre pour faire presque entièrement place au métayage dans l'ouest et surtout
dans le sud-ouest. Tandis que dans le département du
Nord on trouve 35,000 fermiers contre 600 métayers,
dans le département des Landes, il y a 21,000 métayers contre 1,400 fermiers, et, dans celui du Gers,
5,000 métayers contre 800 fermiers; ce département

est, d'ailleurs, celui où la proportion des métayers est
la plus considérable.

Le tableau suivant que nous avons dressé d'après la
statistique de la population de la France en 1872,
indique, d'ailleurs, sans qu'il soit besoin de plus longs
commentaires, la répartition respective des propriétaires exploitants, des fermiers et des métayers, dans
les quatre-vingt-six départements; un simple calcul de
proportion suffira au lecteur pour rapporter chacun
de ces nombres à une unité déterminée. Nous suivrons
l'ordre des régions, tel qu'il a été fixé pour les concours
régionaux agricoles :

Départements.	Propriétaires exploitants.	Métayers.	Fermiers.
1re Région.			
Calvados	17.549	11	11.711
Eure.............	16.337	125	7.664
Eure-et-Loire......	9.999	122	8.698
Manche..	28.147	»	32.355
Orne.............	13.014	165	16.311
Sarthe	15.264	3.063	27.525
Seine-Inférieure....	5.075	52	19.882
Totaux....	105.385	3.538	123.146

Départements.	Propriétaires exploitants.	Métayers.	Fermiers.
2ᵉ Région.			
Côtes-du-Nord......	20.273	9.164	39.130
Finistère.........	13.143	694	38.693
Ille-et-Vilaine......	24.680	2.072	44.445
Loire-Inférieure....	22.544	6.125	27.895
Maine-et-Loire,.....	14.729	4.752	27.784
Mayenne.........	8.254	10.751	14.991
Morbihan.........	15.982	1.805	22.188
Totaux.....	119.605	35.363	215.126
3ᵉ Région.			
Aisne............	16 565	65	5.362
Nord.....	16.519	619	34.905
Oise............	13.582	39	5.446
Pas-de-Calais.......	18.921	346	22.365
Seine............	3.858	19	976
Seine-et-Marne.....	16.364	467	4.338
Seine-et-Oise......	20.313	834	7.293
Somme..........	12.983	»	12.334
Totaux.....	119.105	2.389	93.019
4ᵉ Région			
Allier...........	31.132	16.006	4.860
Cher.....	13.866	2.984	3.473
Indre...........	15.901	3.982	2.102
Indre-et-Loire......	24.093	1.557	5.957
Loir-et-Cher.	17.568	1.234	5.491
Loiret...........	22.335	1.736	7.634
Nièvre.	24.148	1.542	3.567
Totaux.....	149.043	29.041	33.084

Départements.	Propriétaires exploitants.	Métayers.	Fermiers.
5e Région.			
Ardennes...........	13.376	90	2.464
Aube...............	24.097	87	1 567
Marne..............	27.517	53	2.394
Haute-Marne.......	18.058	44	6.009
Meurthe-et-Moselle..	17.258	94	2.672
Meuse.............	22.148	59	2.228
Vosges............	29.447	347	5.498
Totaux.....	151.901	774	22.532
6e Région.			
Ain...............	44.954	1.422	9.424
Côte-d'Or........	21.716	4.598	7.254
Doubs............	21.184	849	4.845
Jura.............	25.266	3.552	13.061
Haute-Saône.......	25.308	135	9.762
Saône-et-Loire.....	42.044	13.023	13.399
Yonne............	37.657	781	3.239
Totaux.....	218.129	20.360	60.784
7e Région.			
Charente..........	45.341	10.739	2.451
Charente-Inférieure.	55.650	3.488	3.143
Dordogne..........	48.369	19.205	2.177
Gironde...........	44.020	18.247	1.657
Deux-Sèvres.......	18.906	3.338	10.766
Vendée............	12.780	12.940	12.765
Vienne...........	19.168	4.419	4.412
Totaux.....	244.234	73.376	37.371

Départements.	Propriétaires exploitants.	Métayers.	Fermiers.
8e Région.			
Ariége	25.943	5.752	1.397
Haute-Garonne	22.895	3.763	1.963
Gers	33.813	5.439	867
Landes	15.918	20.622	1.461
Lot-et-Garonne	36.308	11.063	1.323
Basses-Pyrénées	36.862	10.232	1.863
Hautes-Pyrénées	28.537	435	950
TOTAUX	200.276	57.306	9.824
9e Région.			
Aveyron	44.085	784	6.287
Cantal	19.727	2.100	2.253
Corrèze	38.082	6.677	3.076
Lot	47.760	1.632	678
Tarn	31.181	9.263	1.322
Tarn-et-Garonne	25.667	4.471	629
Haute-Vienne	23.520	10.165	2.523
TOTAUX	230.022	35.092	16.768
10e Région.			
Ardèche	32.370	2.131	6.269
Creuse	28.190	2.955	1.257
Loire	25.674	1.679	7.024
Haute-Loire	29.000	243	6.213
Lozère	17.832	123	1.616
Puy-de-Dôme	83.528	4.307	4.741
Rhône	33.489	5.049	4.902
TOTAUX	250.083	16.487	32.022

Départements.	Propriétaires exploitants.	Métayers.	Fermiers.
11ᵉ Région.			
Alpes-Maritimes	12.573	5.492	932
Aude..............	21.099	4.886	780
Bouches-du-Rhône..	15.212	4.169	5.111
Corse............	14.995	7.001	413
Gard.............	25.786	943	3.457
Hérault	19.015	1.035	1.097
Pyrénées-Orientales.	10.367	841	865
Var..............	18.610	1.782	4.082
Totaux.....	137.657	26.149	16.737
12ᵉ Région.			
Basses-Alpes.......	24.030	1.247	1.397
Hautes-Alpes.......	23.191	153	804
Drôme...........	40.376	2.870	2.700
Isère.............	76.876	1.071	5.608
Savoie	42.530	428	2.808
Haute-Savoie	39.754	406	2.765
Vaucluse	24.976	2.524	5.841
Totaux.....	271.733	8.699	21.923

Si l'on considère l'ensemble de la France, on trouve que, sur 100 agriculteurs ou cultivateurs, il faut compter 69 propriétaires exploitant direcment leurs domaines, 10 métayers ou colons et 21 fermiers.

Afin de faire mieux comprendre la répartition de chaque méthode d'exploitation dans les différentes régions, on peut résumer le tableau précédent sous la

forme qui suit. Sur 100 agriculteurs on trouve dans
chaque région :

	Propriétaires exploitants.	Métayers.	Fermiers.
1ʳᵉ Région...... ..	45	2	53
2ᵉ —	32	10	58 ·
3ᵉ —	55	1	44
4ᵉ — ......·...	71	13	16
5ᵉ — ....·	87	1	12
6ᵉ —	73	7	20
7ᵉ —	69	21	10
8ᵉ —	75	21	4
9ᵉ —	82	12	6
10ᵉ — ......,.	84	5	11
11ᵉ —	76	15	9
12ᵉ —	90	3	7

En ne tenant pas compte des propriétaires exploitant
personnellement leurs domaines, on peut comparer
directement le métayage au fermage dans chacune des
régions. Ce calcul permet d'établir le tableau suivant
qui donne le nombre des fermiers et des métayers sur
100 exploitations régies par ces deux systèmes :

		Métayers.	Fermiers.
1ʳᵉ Région. —	Nord-Ouest...	4	96
2ᵉ —	Ouest.......	15	85
3ᵉ —	Nord........	2	98
4ᵉ —	Centre.......	44	56
5ᵉ —	Nord-Est	7	93
6ᵉ —	Est.....	26	74

			Métayers.	Fermiers.
7ᵉ	---	Ouest-Central.	68	32
8ᵉ	—	Sud-Ouest....	84	16
9ᵉ	—	Sud-Central..	67	33
10ᵉ	—	Est-Central...	31	69
11ᵉ	—	Sud........	63	37
12ᵉ	—	Sud-Est......	30	70

Pour toute la France, on compte 37 métayers contre 63 fermiers. Il y a sept régions dans lesquelles le nombre des fermiers est au-dessus de cette moyenne ; cinq, au contraire, dans lesquelles il est au-dessous. Le tableau qu'on vient de lire donne, du reste, une preuve incontestable de l'exactitude des assertions émises au commencement de ce chapitre.

C'est par la valeur du produit brut que l'on peut juger un système de culture.[1] A ce point de vue, les

---

[1] Il existe plusieurs méthodes pour apprécier les divers systèmes de culture mis en pratique par les agriculteurs. Nous aurons à les décrire plus loin. Nous avons cru, toutefois, devoir adopter ici la méthode dite du produit brut parce que, selon nous, elle est plus exacte et d'un emploi plus facile, lorsqu'il s'agit d'établir des comparaisons générales. Ainsi, dans le recueil de l'enquête agricole du département de Seine-et-Oise, on trouve certains comptes établis d'après le produit net qui font ressortir le prix de revient de l'hectolitre de blé à 15 fr. et d'autres calculs à 9 fr. et au-dessous pour des exploitations régies d'après les mêmes procédés. Le produit net dépend effectivement de la détermination du prix de revient. Or, rien n'est plus difficile à établir que le prix de revient, rien surtout n'est plus sujet à erreur. Le produit brut, au contraire, est facile à déterminer et il n'y a pas de chance d'erreur dans son évaluation.

régions où le métayage domine sont sensiblement inférieures à celles où le fermage est plus commun.
D'après les estimations données par M. Léonce de
Lavergne, la valeur du produit brut serait, par hectare
imposable, de 180 francs dans la région du nord-ouest,
elle descendrait à 70 fr. dans la région du sud-ouest et
à 60 fr. dans celle du centre. Hâtons-nous de dire que
cette infériorité n'est pas due uniquement à la différence de méthode d'exploitation. Cependant il faut
ajouter que, depuis le commencement du siècle, le produit brut aurait plus que doublé dans la région du
nord-ouest, et se serait accru d'un tiers seulement
environ dans celles du centre et du sud-ouest.

D'après le recensement de 1851, on comptait à
cette époque, en France, sur 100 exploitants : 64 propriétaires-cultivateurs, 13 métayers et 23 fermiers.
Sur 100 métayers et fermiers, on comptait 36 métayers
et 64 fermiers. La proportion entre le métayage et le
fermage n'a donc pas sensiblement varié depuis vingt
ans. Mais le nombre des métayers a diminué de 3 p. %
environ et celui des fermiers de 2 p. %, tandis que le
nombre des propriétaires-cultivateurs s'est accru dans
la même proportion. Nous pourrions montrer que ces
changements ne se sont pas opérés de la même manière pour toute la France; il suffira de dire que le
nombre des métayers a principalement diminué dans

les départements où ce mode de culture était le plus
répandu.

Est-ce par suite de l'incompatibilité du métayage
avec le progrès agricole que cette méthode d'exploitation cède la place à la culture directe? ou bien les
chiffres qui viennent d'être résumés cachent-ils quelque erreur d'appréciation? Telle est la question qu'il
faut maintenant résoudre.

Le métayage est une association du propriétaire du
sol avec le travailleur, association par laquelle l'un et
l'autre concourent, dans une proportion déterminée,
à la production agricole. Les combinaisons qui régissent cette association peuvent être multiples ; mais
elles ne diffèrent guère que par le degré de la coopé-
ration de l'une et de l'autre partie dans le résultat
final. Donner une définition du métayage embrassant
toutes les combinaisons qui peuvent surgir, serait
chose difficile. La meilleure définition que nous con-
naissions a été donnée d'une manière générale par
M. de Gasparin ; la voici : « Le métayage est un con-
trat par lequel, quand le tenancier n'a pas un capital
ou un crédit suffisant pour garantir le paiement de la
rente et des avances du propriétaire, celui-ci prélève
cette rente par parties proportionnelles sur la récolte
de chaque année, de manière que la moyenne arithmé-

tique de ces portions annuelles représente la valeur de
la rente. »

Le cheptel appartient, quelquefois tout entier, d'autres fois en partie seulement, au propriétaire. Dans le
rayon que j'habite, les combinaisons sont assez variées
à ces divers points de vue. J'en citerai un exemple qui
fera mieux comprendre la situation du métayer et du
propriétaire dans ces conditions. Les exploitations
sont, en général, d'une faible étendue, cultivées par la
famille du métayer et un ou deux ouvriers ; celle que
nous choisissons comme exemple a une étendue de
23 hectares, dont 17 et demi en terres labourables. La
part des produits et des revenus afférents au propriétaire s'établit comme il suit, en prenant pour base la
production moyenne d'une année ordinaire :

Blé, 91 hectolitres à 20 francs...............	1.820 fr.
Avoine et seigle...............................	100
Plantes légumineuse et autres, pruneaux...	200
Produit des plantes textiles.................	135
Produit de la vente des fourrages secs.....	580
Bénéfices réalisés sur l'espèce bovine.....	400
— — ovine......	225
— — porcine....	190
— sur les animaux de basse-cour.	100
TOTAL.............	3.750 fr.

La propriété compte 18 ares de vignes produisant en moyenne 7 hectolitres de vin, qui sont abandonnés d'une manière exclusive au métayer pour ses besoins.

Les dépenses à la charge du propriétaire sont les impôts, l'entretien des bâtiments et la moitié des frais occasionnés par la récolte du blé. Ces dépenses s'élèvent à 350 francs. — Il reste donc au propriétaire comme bénéfice net une somme de 3,400 francs.

Si l'on attribue au sol la valeur qu'ont acquise les terres voisines de l'exploitation (5,500 fr. par hectare), on arrive pour les 23 hectares dont il s'agit ici à une somme de 126,500 francs. Cette somme ajoutée à la valeur du cheptel vivant et du cheptel mort, qui est de 5,000 fr., constitue un capital de 131,500 fr. Le revenu serait donc de 2 fr. 58 p. % de ce capital, au taux commercial des denrées produites. Ce bénéfice est relativement peu important, mais il est supérieur à celui que l'on obtenait il y a vingt ans.

En effet, si l'on compare la valeur actuelle du sol à celle qu'il avait il y a vingt ans, on trouve que cette valeur a augmenté d'un quart à un tiers. D'après l'enquête agricole de 1866, les terres qui valaient 1,500 fr. par hectare, vingt-cinq ans auparavant, étaient cotées à cette date à 2,500 fr. Il en résulte que les propriétaires qui ont acquis leur domaine à cette époque, ou

qui l'ont reçu par héritage, ce qui revient exactement
au même, retirent aujourd'hui, par suite des progrès de
la culture, un intérêt de 4 p. o/° pour le capital engagé.
Mais il n'en est pas de même pour celui qui estime le
revenu d'après le prix de vente actuel des terres; dans
ce cas, le produit ne dépasse pas 2 ¹/₂ à 3 p. %. Ce
fait tient à la double influence de l'abondance du numéraire qui fait rechercher les placements fonciers, et
au morcellement du sol. Si les progrès de la culture
n'ont pas marché aussi vite que l'accroissement de la
valeur du sol, il n'en est pas moins vrai que le produit
et le revenu des exploitations se sont sensiblement
accrus; peu d'entreprises pourraient fournir des résultats aussi satisfaisants que celle-ci, qui permet au propriétaire en jouissance depuis vingt ans de retirer
un intérêt de 4 p. % de son capital, tout en l'ayant
accru d'un tiers ou d'un quart de sa valeur première.
Les améliorations agricoles sont loin d'avoir dit
leur dernier mot; les méthodes perfectionnées que
l'on trouvera indiquées dans ce travail sont encore aujourd'hui inconnues de la plupart des métayers. Il est
donc permis aux acquéreurs actuels d'espérer les
mêmes bénéfices que leurs prédécesseurs.

Quelles que soient les destinées futures de la propriété, on peut dire dès à présent que les principaux
perfectionnements acquis proviennent surtout du dé-

veloppement des cultures fourragères. La luzerne, presque inconnue il y a quelques années, s'est étendue dans
de grandes proportions aux dépens de la surface consacrée au blé ; la betterave, la carotte, le chou cavalier
sont également venus, avec quelques autres plantes
nouvelles, accroître la quantité de fourrage dont on
pouvait disposer autrefois. Cette transformation, tout
en donnant une plus grande abondance de nourriture,
a permis de proportionner d'une manière plus régulière les bras disponibles aux exigences de la culture,
et, par suite, d'entretenir un plus grand nombre d'animaux. La fertilité des terres a été, en outre, accrue à
la fois par la culture même de la luzerne et par l'emploi
d'une plus grande masse de fumiers.

Cet exemple n'est pas le seul qui puisse être cité de
l'alliance du progrès agricole et du métayage ; il est
fréquent dans la région du sud-ouest. Nous allons,
comme preuve, rapporter ce qui s'est passé dans l'un
des départements les plus pauvres de France, le département des Landes.[1]

---

[1] Les chiffres présentés ici sont extraits d'un mémoire communiqué par
M. Théron de Montangé à la Société centrale d'agriculture de France ;
ils ont été recueillis avec le plus grand soin et la plus scrupuleuse
exactitude.

A Beyries, chez M. du Peyrat, où une comptabilité soigneusement tenue a permis de chiffrer les résultats, le produit brut total des métairies qui n'avait pas dépassé 129 fr. 55 par hectare pour les terres en culture et 73 fr. 07 par hectare pour la surface totale, de 1845 à 1849, s'élevait, après la transformation complète des procédés agricoles, en 1872, à 253 fr. 03 pour les terres en culture et à 155 fr. 10 pour la surface totale. Dans le même laps de temps, la part des colons était passée, pour l'ensemble du domaine, de 44 fr. 25 par hectare à 90 fr 47 ; quant au salaire, il avait presque triplé. Le revenu net du propriétaire avait suivi une progression non moins remarquable; il atteignait 57 fr. 52 par hectare, en 1872, tandis qu'autrefois il ne dépassait pas 23 fr. 47.

L'exemple donné par M. de Lataulade, dans le canton de Mugron, mérite également d'attirer l'attention. Affligé de voir ses métayers impuissants à s'entretenir d'un bout de l'année à l'autre, sans avoir recours à des avances, qu'il ne pouvait recouvrer que lorsque leur part sur le produit des vignes était assez abondante ou assez chèrement vendue, il résolut de changer cette situation. Il commença par réduire le nombre des métairies pour en augmenter la contenance, afin que chacune d'elles présentât une étendue suffisante pour que le colon pût récolter le maïs nécessaire à l'entre-

tien de sa famille et mettre ainsi en réserve sa part
dans les produits du vignoble. En même temps, il fit
des dépenses pécuniaires considérables pour agrandir
les bâtiments, endiguer des ruisseaux, assainir et
amender les terres, etc. Le succès ayant rendu les
métayers confiants dans le savoir du propriétaire, ce
dernier put les déterminer à augmenter leur bétail, à
essayer la culture des fourrages artificiels et des racines, à supprimer la vaine pâture, et à profiter des
avantages de la stabulation. Il leur enseigna également
les pratiques à l'aide desquelles on double les fumiers
par le mélange des débris végétaux, des marnes et des
terres, et par des soins bien entendus de stratification et
d'arrosage ; enfin, il parvint à faire adopter à ses métayers un système d'assolement précis et sage. Sans
entrer dans des détails circonstanciés sur ces diverses
transformations, il suffira maintenant de produire quelques chiffres pour indiquer nettement les résultats obtenus. En 1856, lorsque M. de Lataulade entreprit de
transformer ses métairies, le cheptel vivant ne pesait
pas plus de 4,200 kilogr. et n'était évalué qu'à 2,671 fr.;
en 1872, il pesait 11,254 kilogr. et était estimé 9,283 fr.
Quant à l'outillage, sa valeur était passée, dans le
même intervalle de temps, de 1,786 à 3,211 fr. Au
total, le bétail et l'outillage qui appartiennent aux
colons, s'étaient accrus de 8,000 fr. Si l'on ajoute à

cette somme les autres bénéfices de l'exploitation, on verra combien a été profitable pour les colons la transformation que M. de Lataulade a faite sur ses métairies. Quant au propriétaire, son revenu dépasse actuellement de 28 p. °/₀ celui qu'il obtenait il y a une douzaine d'années.

Il est vrai de dire que les grands travaux de desséchement, de création de routes et de voies ferrées, entrepris par l'Etat, le département ou la Compagnie du chemin de fer du Midi, ont puissamment contribué à la transformation de ce pays. Les productions spéciales aux Landes restaient, il y a trente ans, sans valeur faute de débouchés; aujourd'hui elles trouvent, au contraire, grâces à ces voies de communication un écoulement des plus faciles.

On peut donc admettre que si le métayage n'a pas seul concouru à l'amélioration du sol des landes, il s'est, du moins, plié aux exigences d'une situation nouvelle et il en a préparé et amené la transformation.

Les faits qui viennent d'être présentés ici permettent de tirer cette conclusion que le métayage n'est pas incompatible avec le progrès agricole. Il est loin d'être la meilleure forme d'exploitation du sol; mais il vaut mieux, quand il est bien pratiqué, que le fermage ou la

culture directe entrepris dans de mauvaises conditions.
Si donc le nombre des métayers va en diminuant,
comme d'ailleurs celui des fermiers, cela tient, ainsi
qu'il a déjà été dit, à l'accroissement du nombre des
petits propriétaires.

Il semble superflu d'ajouter de nouvelles réflexions
pour prouver que l'infériorité de notre agriculture méridionale n'est pas due au métayage. Cependant il ne
sera pas hors de propos de citer à ce sujet l'opinion
de deux agronomes illustres qui ont fait et qui font
encore le plus grand honneur à la France.

Le comte de Gasparin compare dans les termes
suivants le métayage au fermage : « Dans le Nord,
la régularité des résultats a fait connaître le mode
d'exploitation connu sous le nom de fermage. Dans le
midi, le fermage est plus difficile, parce qu'il faut
au fermier une grande prévoyance pour compenser par
les bonnes années le déficit des mauvaises, ainsi qu'un
capital assez fort pour résister à un revers survenu au
commencement du bail. Dans la région des céréales, le
nombre des intempéries est borné, l'ordre des assolements peut être régulier. De là cette agriculture à formules, qui plaît tant à l'esprit par son ordre immuable
et par la presque certitude de ses résultats. L'esprit le
plus ordinaire y suffit pour diriger une ferme. Ici,
au contraire, l'irrégularité des saisons exige, de la part

du cultivateur, une attention toujours éveillée pour réparer les intempéries. Quelquefois la surabondance de ses foins lui permettra d'augmenter le nombre de ses bestiaux ; d'autres fois il faudra qu'il se hâte de les vendre, parce que les foins auront manqué. Une année, il devra retarder la vente de son blé, parce qu'une récolte opulente en aura avili le prix ; l'année suivante, la sécheresse du printemps amènera la disette. La règle serait sa perte ; c'est une irrégularité d'accord avec celle de la nature qui le sauvera. » Ailleurs, il ajoute : « Le métayage bien dirigé est une heureuse association de l'intelligence et de la pratique, du capital et du travail. »

M. Léonce de Lavergne expose, de son côté, comme il suit, le rôle du métayage dans l'agriculture méridionale : « Ces petites exploitations, divisées par métairies, permettent de pouvoir manœuvrer, sous des climats à variation extrêmes, avec célérité et promptitude, au moment où des modifications sont nécessaires. »

On ne peut donc pas nous accuser d'exagération, si nous concluons dans les termes suivants : le métayage est la seule méthode d'exploitation possible dans certains cas ; c'est une transition entre la culture des pays pauvres où n'a pu encore se former la classe

des fermiers, et celle des pays plus riches. Le propriétaire habile peut, aussi bien par le métayage que
par tout autre système, à l'aide d'avances bien com-
prises, faire usage des procédés et des moyens de
culture recommandés par la science, améliorer son
exploitation et accroître son revenu.

DEUXIÈME PARTIE

CHOIX DES MACHINES ET PRATIQUE AGRICOLE

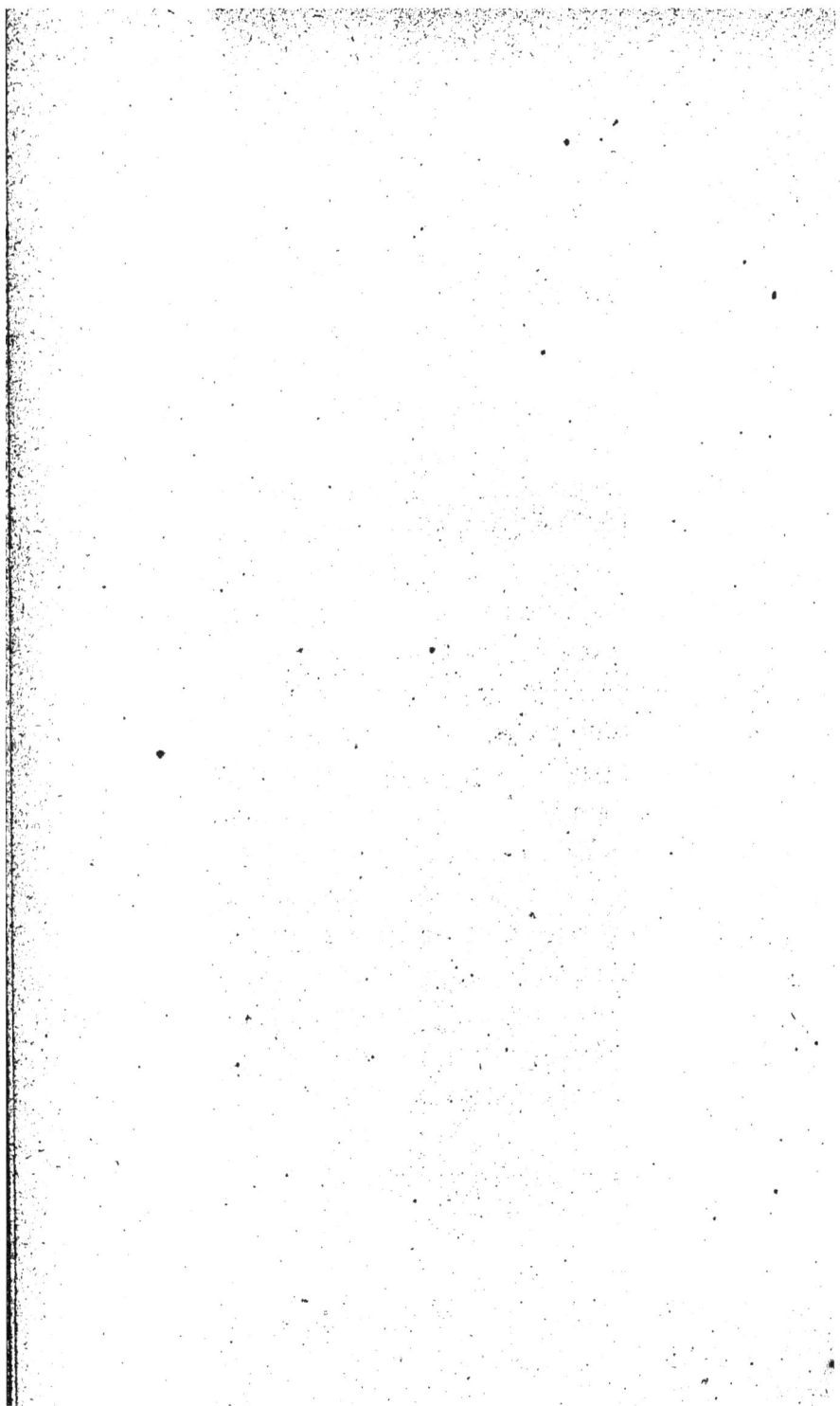

CHAPITRE Ier.

Dans le plus grand nombre des exploitations du midi de la France, l'outillage agricole est encore aujourd'hui ce qu'il était il y a un siècle; on se préoccupe peu de le perfectionner, on se contente de lui demander ce que demandaient les agriculteurs des générations précédentes. Et cependant les conditions au milieu desquelles l'agriculteur se trouve placé aujourd'hui sont bien différentes de celles qui existaient il y a seulement vingt-cinq ans. Pour avoir un bénéfice réel, il faut savoir produire davantage et surtout apprendre à produire à bon marché. Or, aujourd'hui plus que jamais, la main-d'œuvre est devenue rare et chère et grève la production de frais chaque jour croissants. De là la nécessité d'avoir recours à des machines perfectionnées qui permettent de mieux utiliser la force des animaux domestiques et surtout le travail de l'homme.

Les écrivains agricoles les plus compétents ont de-

5

puis longtemps fait ressortir, aux yeux de tous, la nécessité de perfectionner les instruments et machines
destinés à la culture du sol. Il serait donc oiseux de
revenir encore sur ce sujet. D'ailleurs, la démonstration de ce fait se trouvera tout entière dans la description qui sera donnée plus loin des principales machines
dont dispose aujourd'hui l'agriculture française. Toutefois nous ne pouvons résister au désir de placer ici,
à l'appui de notre opinion, ce qu'écrivait M. Tisserand,
dans son rapport sur l'agriculture à l'Exposition universelle de Vienne, en 1873 : [1]

« La résultante des progrès effectués n'est pas de
diminuer la somme de travail consacré aux cultures,
mais de permettre aux cultivateurs de mieux utiliser
les bras de leurs ouvriers et d'exécuter, avec un
homme, le travail de deux, de trois journaliers et
plus.

« Ainsi, tout le monde sait qu'avec la charrue un
laboureur peut retourner, dans sa journée, beaucoup
plus de terre qu'avec une bêche. On sait encore
qu'avec un bon araire un homme fait plus de besogne
que par l'emploi d'une mauvaise charrue. L'Arabe, à

---

[1] L'*Agriculture à l'Exposition universelle de Vienne*, par Eugène
TISSERAND, inspecteur général de l'Agriculture, membre du jury interna-
tional à l'exposition universelle de Vienne.

l'aide de son outil informe et de son attelage épuisé,
gratte à grand'peine une surface de 30 ares par jour :
il ne remue de la sorte que 150 mètres cubes de terre
en dix heures. Avec l'araire Dombasle, un laboureur
actif peut en retourner plus facilement 600 mètres
cubes dans sa journée. La charrue à vapeur donne de
bien autres résultats : c'est de 8 à 10 hectares de terre
qu'elle permet de labourer à 0^m15 de profondeur en
dix heures; elle donne le moyen d'exécuter des défon-
cements presque impossibles pour les animaux. Dans
ces conditions, chaque homme employé à la manœuvre
de l'appareil à vapeur fait, avec moins de fatigue,
l'ouvrage de vingt piocheurs ou de cinq laboureurs au
moins.

« De même, en empruntant un autre exemple,
l'homme qui travaille à la faux mettra six jours à faire
la besogne d'un homme conduisant une machine à
faucher ou à moissonner.

« L'arracheuse de pommes de terre, la faneuse, le
râteau à cheval, la machine à battre, en un mot, tous
les outils perfectionnés fournissent des résultats analogues.

« Aussi, on peut dire que l'introduction du matériel
perfectionné dans une ferme a pour résultat d'accroître
la puissance productive de l'homme et de permettre,
avec le même personnel, d'exécuter une quantité d'o—

pérations beaucoup plus grande. La machine reporte
sur l'animal de trait ou sur le moteur inanimé le rude
labeur, les efforts toujours pénibles, souvent dangereux,
que doivent faire les moissonneuses, les faucheuses,
les batteuses, etc.; elle assigne à l'homme son véritable
rôle, celui de la direction, celui de l'intelligence; elle
permet, enfin, de mieux rétribuer l'ouvrier, d'accroître
son bien-être, en lui donnant la possibilité de faire la
besogne de deux ou trois hommes et plus dans le même
temps, de mieux soigner les cultures, grâce à ce gain
de force disponible, de produire ainsi davantage et
plus économiquement. Son adoption est donc à la fois
une œuvre de progrès et une œuvre d'humanité. »

Les machines agricoles, encore relativement peu
répandues en France, sont employées sur une grande
échelle aux États-Unis d'Amérique et en Angleterre.
Dans ces deux pays, la même nécessité a produit des
résultats analogues.

Aux États-Unis, d'après le travail de M. Tisserand
qui vient d'être cité, l'agriculture aurait dépensé en
salaires, pendant l'année 1870, une somme de un milliard 555 millions. Cette somme, répartie entre les
2,600,000 exploitations existant alors, donne une dépense moyenne de 9 fr. 30 c. par hectare. C'est peu,
mais cependant les salaires sont excessifs, la main-
d'œuvre faisant encore bien plus défaut que dans nos

contrées. Le cultivateur intelligent et habile gagne aisément 10 à 12 fr. par jour : dans les districts du Pacifique, la journée se paie jusqu'à 25 francs. Quant au journalier inexpérimenté, qui n'apporte que ses bras, sans aucune connaissance du métier, il gagne en hiver de 5 à 6 fr. par jour, et 7 à 8 fr. durant le reste de l'année ; pendant la moisson, alors qu'il faut songer à sauver, à tout prix, la récolte, les salaires n'ont, pour ainsi dire, plus de taux ; 7 fr. 70 c. est la moyenne générale de la journée dans les États du centre et de la Nouvelle-Angleterre. On comprend, dès lors, que les agriculteurs aient saisi les premières occasions qui se sont présentées d'employer des machines pour échapper à ces frais exorbitants. Il y a dix ans, les constructeurs américains livraient annuellement 10,000 machines à moissonner, alors que ces engins étaient à peine connus en France. L'agriculture du Nouveau-Monde a ainsi multiplié la valeur productive de ses agents, qui est aujourd'hui beaucoup plus considérable que celle des ouvriers agricoles de l'ancien continent.

En Angleterre, des causes analogues, quoique d'un ordre un peu différent, ont produit les mêmes résultats qu'en Amérique. Dans ce pays, en effet, la grande culture domine presque partout, et les ouvriers agricoles n'y sont pas assez nombreux ; la modicité des salaires éloigne même des champs une partie de ceux qui y sont nés, et qui paraissaient destinés à y passer leur vie entière. Durant les dix dernières années, la diminution du nombre des ouvriers agricoles a été, d'après les documents les plus authentiques, de 17 p. % pour l'Angleterre proprement dite et le pays de Galles, et de 12 p. % en Écosse. Dans cet état de choses, les propriétaires et les fermiers ont été amenés à demander à la mécanique les ressources que les bras leur refusaient et, depuis quarante ans, la construction des machines agricoles a pris autant d'importance que la construction des machines industrielles. La perfection des machines est même aujourd'hui plus grande en Angleterre qu'en Amérique.

Le développement de la mécanique agricole dans les différents pays ressort d'ailleurs de la manière la plus éclatante aux Expositions universelles. A celle de Vienne, en 1873, les deux pays, dont nous venons de parler, ont montré leur supériorité sur les autres nations à ce point de vue. Cette partie de l'exposition a fourni à M. Louis Reybaud, membre de l'Institut, des réflexions très judicieuses que nous allons rapporter :

. . . . , ...

. . . . . . « Un détail qui a obtenu à Vienne un incontestable succès, c'est l'exposition des machines agricoles. L'Autriche n'y entrait que pour une faible

part, et il ne semble pas que la France ait été représentée autrement que par la fabrique de Liancourt; mais
l'Angleterre et les États-Unis avaient engagé sur ce
terrain un duel curieux à étudier. Charrues à vapeur,
batteuses, faneuses, faucheuses, moissonneuses présentaient des deux côtés, et avec une grande variété
d'échantillons, un magnifique corps de bataille. On
voyait bien que c'était là pour les deux nations, non pas
des produits à classer dans des musées, mais des instruments usuels bien éprouvés, bien appropriés et capables de forcer toutes les résistances de la terre.
Pas un des champions qui ne se sentit en mesure de
vaincre. Des expériences, d'ailleurs, avaient lieu de
temps à autre sur des terrains à proximité, et les
jurés se portaient sur les lieux pour décider du
mérite des armes. C'est qu'en Angleterre et aux
États-Unis la machine agricole est désormais l'ac-
compagnement obligé de toute bonne exploitation.
A mesure que dans les deux pays les bras sont devenus rares et chers, il a fallu s'en remettre aux instruments pour tous les services qu'il était possible de
leur confier avec quelque économie et quelque succès.
En France, nous n'en sommes pas là, et on est
fondé à se demander quelle en est la cause : les peu-
ples étrangers ont pris les devants et ont surabondam-
ment réussi, que ne les imitons-nous? A peine y a-t-

il eu quelques essais dans les départements du Nord et
du Nord-Ouest; partout ailleurs les instruments mécaniques ne sont pas même connus. Est-ce la routine,
est-ce le fractionnement du sol qui s'y oppose? Les
difficultés viendraient-elles de la nature des terrains
ou de l'inexpérience des hommes? Probablement les
retards viennent un peu de tout cela, et il sera, par
exemple, bien difficile d'introduire une charrue à vapeur partout où le sol se refuse à la culture à plat et
en ligne ; mais d'autres instruments peuvent être mis
à l'essai, et il y en a des exemples dans nos campagnes.
Partout où un maréchal ou un charron de village
achète une machine à battre pour l'exploiter, l'entretenir et la promener de ferme en ferme, une clientèle
se forme à l'instant, et la spéculation est bonne. Que
ne continue-t-on l'essai sur d'autres machines, la faucheuse et la faneuse, dont l'emploi est aujourd'hui bien
vérifié, soit au moyen d'une location et d'un travail à
façon, soit par une association entre cultivateurs,
comme cela a eu lieu dans nos départements de l'Est
à la suite de la dernière guerre? Ce n'est pas de gaîté
de cœur que les cultivateurs des autres États se sont
assujettis à l'emploi des machines; ils y ont vu un
bénéfice réel et un allégement de leurs charges : il n'y
a qu'à les suivre sous peine de méconnaître nos intérêts. .

« Pour que les cultures deviennent chez nous ce
qu'elles doivent et peuvent être, c'est cette apathie de
nos paysans qu'il faut surtout combattre. On les dirait
parfois indifférents à leur propre sort; même pour les
choses les plus urgentes et qui devraient les regarder,
c'est à la main du Gouvernement qu'ils songent. Dans quel
état se trouvaient les chemins, dont l'entretien est à
la charge des communes ou des riverains, quand la loi
est intervenue pour en écouler les eaux et combler les
ornières? Aujourd'hui tout ce système de vicinalité est
en bon état, malgré la guerre, malgré les charrois des
Prussiens et, on peut dire, malgré les cultivateurs eux-
mêmes, qui n'y épargnent pas les dégradations. C'est
là le plus grand bienfait qui, depuis des siècles, soit
échu à l'agriculture et aux consommateurs de ses
produits. » .   .   .   .

.   .   .   .

.   .   .   .

La condamnation portée par M. Louis Reybaud sur
l'état actuel de la production des machines agricoles
en France est un peu exagérée, notamment pour les
régions du Nord et du Nord-Ouest; mais pour les départements du Midi, elle est malheureusement trop
exacte. Ce n'est pas, toutefois, que les constructeurs
français ne fournissent à l'agriculture d'excellents en-

gins : pour les instruments aratoires, pour les machines
à battre, pour beaucoup d'appareils d'intérieur de
ferme, nos constructeurs sont égaux, quelquefois
même supérieurs aux constructeurs étrangers ; mais ce
qui manque, chez l'agriculteur français, c'est la confiance dans les machines et quelquefois aussi l'argent
nécessaire pour leur acquisition. Aussi, est-ce ici que
le principe de l'association peut produire les meilleurs
résultats, en dehors même des entreprises à façon dont
parle M. Reybaud, associations qui sont répandues
pour le battage, comme on le sait, dans un grand
nombre de départements, mais qui ne peuvent guère
être utilisées que pour les grands travaux à exécuter
rapidement. A ce point de vue, les sociétés d'agriculture peuvent rendre les plus grands services, en ache-
tant des machines et en les louant dans leurs circons-
criptions. Quelques sociétés d'agriculture sont déjà
entrées dans cette voie ; nous citerons un exemple,
pour indiquer comment la chose peut être pratiquée
avec avantage.

Dans le département des Bouches-du-Rhône, la
Société départementale d'agriculture a acheté des instruments et machines qu'elle loue à ses sociétaires pour
un laps de temps déterminé, moyennant un prix de location assez faible, mais qui lui permet de faire quelques bénéfices à l'aide desquels elle peut renouveler

son matériel. Cette Société met ainsi à la disposition des agriculteurs des charrues ordinaires et des
charrues de défoncement , des semoirs , des houes
à cheval, des herses, des rouleaux, des faucheuses,
des râteaux à cheval, des moissonneuses, des machines
à battre à manége, des hache-paille, des coupe-racines, des trieurs, des tarares, etc. La location se fait
ou pour une quinzaine de jours, ou pour un mois, ou
pour la récolte. Le prix varie de 3 à 5 francs par
quinzaine et même par mois, pour les charrues et
pour les instruments d'intérieur de ferme; elle s'élève
jusqu'à 100 francs pour les moissonneuses et pour
la récolte sans temps déterminé. Si l'instrument
n'est pas restitué dans le délai convenu , l'emprun-
teur paie, à titre de pénalité , une rétribution double
au moins de la première et qui parfois atteint des
proportions plus considérables.

CHAPITRE II.

―――

La main-d'œuvre est aujourd'hui, ainsi qu'on vient de le voir, un grave problème pour le propriétaire ; les machines sont donc des auxiliaires qu'on doit accepter comme un progrès nécessaire. Nous allons signaler les instruments qui nous paraissent avoir une opportunité et une valeur réelles.

Les travaux agricoles peuvent être répartis en cinq catégories ; les instruments et les machines qui servent à les exécuter peuvent donc être divisés en autant de classes. Ces diverses catégories sont : 1° les travaux de préparation du sol ; 2° les semailles ; 3° les travaux de nettoyage et d'entretien des récoltes ; 4° l'abattage et l'enlèvement des récoltes ; 5° la préparation des récoltes. A la première catégorie appartiennent les charrues de toutes sortes, les herses, les rouleaux ; à la deuxième, les semoirs ; à la troisième, les houes et les buttoirs ; à la quatrième, les machines à faucher et à moissonner, les faneuses, les râteaux mé-

caniques; à la cinquième, enfin, les machines à
battre, les tarares, les cribleurs, les coupe-racines, les
hache-paille, etc. Nous allons rapidement exposer,
d'après l'étude que nous en avons faite, les mérites
des instruments les plus estimés de chacune de ces
catégories.

I. — CHARRUES.

Les labours sont de toutes les opérations agricoles
la plus importante; d'une bonne entente de ces travaux dépend souvent la réussite des récoltes; aussi,
croyons-nous devoir rappeler ici les principales circonstances qui doivent présider à leur exécution.

Comment et à quelle profondeur doit-on labourer?
C'est là une question qui a longtemps préoccupé les
agronomes et les praticiens, mais qui nous paraît aujourd'hui résolue d'une manière complète. La profondeur du labour dépend d'abord de la profondeur de
la couche arable; elle doit, dans un même champ,
être réglée suivant l'époque à laquelle se fait le labour et les récoltes qui ont précédé ce travail. Avant
d'entrer dans des détails sur ces questions, nous
croyons, toutefois, devoir parler d'une lutte qui a duré
pendant longtemps au sujet de la culture en planches
et de la culture en billons.

La culture en billons est la culture des anciens

temps; aujourd'hui elle est rejetée avec raison dans le plus grand nombre de circonstances. Les billons, en effet, rendent plus difficile la répartition régulière des fumures, font perdre une quantité considérable de terrain en dérayures, enfin, et surtout, ils multiplient dans une trop grande proportion les ados ou espaces de terres laissés non travaillés au milieu de chacun d'eux. Ce dernier inconvénient, auquel on ne fait pas toujours suffisamment attention, suffirait même à lui seul pour faire exclure la pratique du billonnage. En effet, un billon d'une largeur de 1 mètre 20, comme on les fait habituellement, nécessite quatre traits de charrue soulevant chacun successivement de 25 à 30 centimètres de terre. Les deux premiers traits recouvrent donc un ados de 50 à 60 centimètres de terre, c'est-à-dire la moitié de la superficie totale du billon et partant tout le champ labouré. Avec des planches d'une largeur de 10 mètres, on ne laisse, au contraire, que $\frac{1}{16}$ et, avec des planches de 20 mètres, $\frac{1}{32}$ de la surface du champ hors des atteintes de la charrue.

Les billons présentent, néanmoins, des avantages pour quelques natures de terres. Dans les sols argileux, leur forme convexe est favorable à l'écoulement des eaux. On sait, en effet, que cette nature de terre ne se laisse plus pénétrer par l'eau après en avoir été saturée; elle la conserve, au contraire, ainsi que le ferait un vase, dans les moindres dépressions de sa surface. De pareilles conditions étant données, la culture en billon doit être préférée à toute autre, sous peine de voir les plantes noyées pendant l'hiver à la suite de pluies prolongées.

Revenons maintenant à la question de la profondeur des labours. Les labours profonds, auxquels on donne quelquefois le nom de labours de défoncement, sont-ils avantageux ? Ici encore les opinions ont été partagées ; mais il est probable que, si la discussion eût été méthodique et basée sur des faits précis et bien constatés, il n'y aurait pas eu de divergences dans la solution.

La terre végétale repose sur des terrains ayant une composition tantôt identique à la sienne, tantôt d'une nature différente, tantôt, enfin, présentant des éléments particuliers. Selon que le défoncement est pratiqué dans l'une ou l'autre de ces trois conditions, il produit des résultats différents.

Dans le premier cas, qui est le plus fréquent, c'est-à-dire lorsque la couche superficielle a la même composition que le sous-sol, les labours profonds présentent tous les avantages qu'on leur connaît et qui ont été parfaitement résumés par le savant M. Payen dans les termes suivants :

« L'épaisseur de la couche de terre végétale, facilement accessible aux racines des plantes, dépend de la profondeur du labour, lorsque le sous-sol ne s'y oppose pas. Approfondir le sol ameubli, c'est donc le moyen d'augmenter l'espace dans lequel les racines pénètrent et se développent, et d'accroître proportionnellement aussi le développement des feuilles, tiges, fleurs et fruits, c'est-à-dire des divers produits de la culture. On peut donc souvent accroître la puissance du sol, en faisant pénétrer plus avant les labours. Les labours, plus ou moins profonds, et les opérations qui les suivent ont pour but, en divisant ou ameublissant la terre, non-seulement de faciliter la pénétration des racines des plantes, mais aussi de donner accès à l'air et à l'eau qui entretiennent la vie des racines et leur portent la nourriture. Une partie de cette nourriture s'accumule dans le sol, qui la cède ultérieurement aux radicelles, ou laisse exhaler les produits de sa décomposition sous la forme de gaz qui concourent à nourrir les feuilles des végétaux. »

L'utilité des labours de défoncement est donc parfaitement constatée par cette savante description et il serait superflu d'y ajouter le plus petit commentaire.

Le deuxième cas que nous avons supposé est celui dans lequel la couche végétale repose sur un sous-sol

ayant une nature différente de la sienne ; il se présente
lorsque, par exemple, à un sol sableux correspond un
sous-sol argileux ou marneux. Dans ces circonstances
l'opération des labours profonds produit des résultats
encore plus importants que ceux qui viennent d'être
constatés. Elle n'a plus seulement pour but de disposer
favorablement le sol, mais elle agit surtout par son
action mécanique, et elle améliore la terre végétale en
lui apportant un élément nouveau qui la rapproche du
type parfait des bons terrains pour lesquels l'argile, le
sable et la chaux doivent être réunis dans des proportions convenables. Nous en citerons un exemple pris à
l'École d'agriculture de Grand-Jouan : la présence de
l'argile ayant été constatée sous un sol à la fois tourbeux, acide et sablonneux, on pratiqua des labours
profonds avec des charrues Dombasle et une défon-
ceuse qui remuèrent une couche de terre de 50 à 60 centimètres d'épaisseur. Le sol devint ainsi silicéo-argi-
leux ; il n'y manqua plus qu'un élément, la chaux ,
pour en faire un sol parfait; on l'apporta du dehors.
Dès lors, les plantes spéciales aux landes et aux terres
acides disparurent successivement ; le Rutabaga, entre
autres, qui, avant cette transformation était cultivé avec
succès, ne donna plus, à mesure que l'amélioration du
sol se produisait, que des produits de moins en moins
abondants, et l'on dut en abandonner la culture. Au-

jourd'hui, les blés, les colzas et beaucoup d'autres plantes ordinairement récoltées sur les fonds les plus riches, viennent très bien, à l'aide de bonnes fumures, dans ces terres ainsi transformées par des labours exécutés avec habilité.

Le troisième cas que nous avons supposé est le seul pour lequel l'opération du défoncement puisse être nuisible à la végétation des plantes cultivées, s'il n'est pas fait avec le plus grand discernement. Certaines terres renferment, en effet, quelquefois à la surface du sol, mais le plus souvent à des profondeurs plus ou moins considérables, des quantités notables d'oxyde de fer, de manganèse, de sulfate de fer, et de quelques autres sels de diverse nature, qui, répartis en faible proportion, stimulent la végétation, mais qui ont une action désastreuse s'ils deviennent abondants. Un défoncement fait sur un terrain de cette nature, et qui tendrait à ramener à la surface ces différents éléments, aurait fatalement pour conséquence de produire des effets nuisibles à la végétation des plantes. Mais, même dans ces conditions exceptionnelles, il est possible de procurer à la couche végétale du sol tous les avantages des labours de défoncement au moyen des charrues sous-sol, telles que les défonceuses Read, Smith, Bazin, qui sont destinées à travailler les couches inférieures sans les ramener à la surface.

La seule objection que l'on puisse faire aux labours
de défoncement et aux labours profonds, c'est que cette
opération rend nécessaire l'emploi d'une plus grande
quantité d'engrais pour fumer à la même dose une
couche de terre d'une profondeur plus considérable ;
elle doit donc être précédée d'une augmentation dans
la production des fumiers. Mais on peut, même dans
ce cas, tourner la difficulté de la manière suivante :
on enterre l'engrais par un premier labour d'une faible
profondeur ; le labour suivant est donné, au contraire,
à toute profondeur et on laisse ainsi les substances
fertilisantes au milieu de la couche remuée. Si l'on en-
fouissait ces substances par un premier labour profond,
elles seraient ramenés à la surface par le labour suivant, et se trouvant toujours de la sorte hors de la
portée des plantes, elles ne pourraient produire aucun
résultat favorable à la végétation.

Les labours profonds sont utiles, comme on le voit,
et même nécessaires quand on veut augmenter la fertilité d'un champ. Cependant, pour être avantageuse,
cette opération doit être pratiquée avec discernement.
Après l'enlèvement des récoltes, par exemple, il est
préférable de donner des labours superficiels; la culture des racines demande, au contraire, des labours
très profonds, tandis que les plantes fourragères 'd'été,
prises en récolte dérobée, se trouvent mieux sur un

terrain légèrement travaillé. Il est donc important de savoir approprier les labours aux besoins des plantes et à l'état du sol; c'est ainsi que nous serons appelé à parler plus loin des travaux de nettoyage exécutés avec les scarificateurs ou les extirpateurs.

Une question très importante à résoudre, en pratique agricole, est celle du choix des charrues. A côté des instruments construits par de simples charrons, il existe aujourd'hui un très grand nombre de modèles de charrues offertes aux agriculteurs par des constructeurs français ou anglais, et entre lesquels le choix paraît difficile. A nos yeux, la question du choix de la charrue ne peut pas être résolue d'une manière absolue. Les quelques explications qui suivent vont en donner une preuve.

Le but à atteindre par la pratique du labourage consiste, comme le disait fort bien le comte de Gasparin, à soulever la terre en prisme plus ou moins longs, mais qui ont subi plus d'un quart de conversion, de manière que la surface supérieure en soit totalement cachée et que les herbes qui la recouvrent cessent de paraître, ainsi que l'engrais que l'on aurait répandu sur le sol; de manière aussi que les tranches aient subi un mouvement de torsion qui diminue l'agrégation des molécules entre elles; qu'elles s'appuient les unes sur les autres, tout en laissant un vide au-dessous de leur point de jonction, de sorte que l'air puisse pénétrer dans le labour ; que chaque sillon reste bien net après le passage de la charrue, et ne soit pas encombré par la terre qui aurait surmonté le versoir ; que dans sa marche la charrue ne s'engorge pas de terre ou d'herbages qui retarderaient le mouvement en obligeant le laboureur à s'arrêter pour la dégager ; enfin, que celui-ci ne soit pas obligé à faire des efforts trop constants ou trop fréquents pour maintenir la charrue en équilibre dans sa raie. Pour classer les différentes charrues, il faudrait donc tenir compte de tous ces points ; à égalité de tirage, il faudrait donner la suprématie à la charrue qui réunirait ces diverses qualités. Mais il est, à notre avis, plus facile de dire quels sont les types qui doivent être rejetés que d'en indiquer un qui soit supérieur aux autres.

Prenons, pour exemple, deux modèles très diffé-rents : la charrue Dombasle, dont personne ne conteste le mérite, et la charrue anglaise de Howard qui est également regardée comme excellente. La première a un versoir haut et peu incliné ; la seconde a un versoir allongé et beaucoup plus incliné que celui de la précé-dente. Suivant les cas et suivant la nature des sols, il faudra donner la préférence tantôt à l'une, tantôt à l'autre. L'expérience a, en effet, démontré depuis long-temps que, pour avoir moins de tirage, il faut allonger

Charrue Brabant double

Construite par M. Guilleux, constructeur à Segré (Maine-et-Loire.)

la partie antérieure de la charrue, si la terre est col-
lante et tenace; la diminuer, au contraire, si le sol est
sableux. Dans un labour très profond, la terre brisée
s'élève sur un plan incliné assez rapide pour qu'elle ne
puisse pas retomber; un arrière-versoir court et peu
recourbé suffit alors pour le renversement. Si l'on veut
que la crête du sillon soit bien relevée, il faut que
l'arrière-versoir soit très long; si la terre doit être
brisée et ameublie, le versoir antérieur doit prendre
une forme un peu convexe; si la terre ne se renverse
que difficilement, l'arrière-versoir doit devenir plus
offensif. D'une manière générale, c'est le labour à
quarante-cinq degrés qui expose une plus grande surface du sol à l'air et à l'action des instruments;
ce degré d'inclinaison dépend d'ailleurs de ces
deux dimensions : largeur et profondeur. Lorsque
l'on connaît deux des trois termes : inclinaison,
largeur et profondeur, on peut toujours déterminer
le troisième.

En résumé, les bonnes charrues des types Dombasle,
Howard, Ransome, Bodin, Bella, etc., présentent des
formes que le cultivateur peut choisir ou modifier par
le tâtonnement, pour les appliquer aux conditions spéciales de sa culture; la meilleure charrue est celle qui
convient le mieux à la nature de terre qu'elle est appelée à labourer. Il est impossible de trouver une char-

rue qui puisse s'adapter d'une manière uniforme à tous les sols et à toutes les natures de travaux.

La chose importante pour le cultivateur est de savoir faire un choix judicieux des instruments qui peuvent lui convenir. C'est une réflexion que nous faisons une fois pour toutes à l'occasion des charrues ; elle s'applique également à toutes les catégories d'instruments et de machines que nous allons avoir à étudier successivement.

Nous croyons, avant d'en finir avec les charrues, devoir placer ici la description d'une charrue spéciale qui a obtenu, depuis quelques années, les plus grands succès aussi bien dans les concours régionaux que dans la pratique agricole. Nous voulons parler de la charrue Brabant double, fabriquée aujourd'hui par un grand nombre de constructeurs. Ces sortes de charrues sont équilibrées d'une manière si parfaite qu'elles marchent seules, lorsqu'elles sont convenablement réglées, et, en marche, elles tendent plutôt à redresser la raie qu'à dérayer. Malgré cette fixité remarquable, on estime généralement qu'elles donnent moins de tirage que toute autre charrue de même force.

La charrue Brabant double se compose de deux corps complets de charrue superposés et placés symétriquement par rapport à un age commun ; les étançons forment un corps double qui tourne autour de

l'age, de telle manière qu'on peut amener alternativement au travail chacun des deux corps de charrue,
dont l'un verse à droite et le second à gauche. Le
mouvement de rotation de l'age est réglé par un verrou
à ressort sur lequel agit un levier que le conducteur met
en mouvement de l'arrière de la charrue. Il suffit de
tirer sur ce levier pour dégager l'age, le faire pivoter
sur lui-même et faire tourner en même temps les corps
de charrue. L'avant-train est muni d'un régulateur
qui peut recevoir un double mouvement vertical et
latéral, à l'aide de deux vis, de sorte que le règlement
de l'entrure est des plus faciles.

Les avantages de la charrue Brabant double ne
peuvent être mieux exposés qu'ils l'ont été récemment
par M. Lembezat, inspecteur général de l'agriculture :

« Pour faire un bon cultivateur, il fallait autrefois,
disait M. Lambezat au Concours régional de Foix, de
longues années de pratique, et, dans bien de contrées
de notre pays, je dois avouer que l'introduction d'une
bonne charrue éprouve encore des difficultés considérables qui tiennent et à l'ignorance et à des préjugés
que le temps seul peut faire disparaître. Eh bien! la
mécanique a inventé une charrue qui laboure seule,
une fois bien réglée et placée dans la raie qu'elle doit
ouvrir. Elle fait un travail mathématique; un enfant
peut la conduire, et j'ai vu le même charretier manœu-

vrant deux charrues Brabant double attelées chacune
de deux couples de bœufs. Dans les conditions ordinaires du labourage, il y avait là l'économie du travail
de trois hommes par jour. Je vous laisse à tirer les
conclusions d'un pareil fait. »

II. — Herse.

Les avantages des bons hersages sont appréciés de
tous les agriculteurs; on sait que le temps employé à
émietter le sol et à en ameublir la surface n'est pas
du temps perdu. On prévient ainsi l'effet de la capillarité, comme on le fait d'ailleurs avec la houe, mais
d'une façon moins énergique; en brisant la surface du
sol, on permet l'emploi des instruments dans le champ
labouré par les temps les plus secs et on extrait, en
outre, les racines et les mauvaises herbes qui tendent
toujours à étouffer les jeunes plantes confiées à la
terre. Il faut toutefois choisir avec soin le moment où
l'on fait cette opération; il en est des hersages comme
des labours : si le terrain est détrempé, il forme
croûte sous la herse et l'on produit un effet opposé à
celui que l'on cherchait à obtenir.

On construit aujourd'hui un grand nombre de modèles de herse; le meilleur type, à nos yeux, est la
herse parallélogrammatique, soit complétement en fer,

soit avec un bâti en bois, mais avec dents de fer. A l'aide de cette herse, lorsqu'elle est convenablement réglée, c'est-à-dire attelée au tiers de la longueur de la chaîne vers l'angle obtus ou l'angle aigu, on peut tracer des raies également distantes et soumettre chaque partie de la surface du sol à l'action de ses dents. Cette disposition tend, en outre, à faire osciller l'instrument, et l'oblige à se mouvoir en heurtant les mottes de terre, ce qui est la meilleure manière de les pulvériser.

Il n'est pas indifférent de fixer le crochet d'attelage à l'un ou à l'autre des deux points que nous venons d'indiquer. Le place-t-on vers l'angle obtus, par exemple, on obtient un tracé d'une plus grande largeur et des raies parfaitement espacées ; si on le fixe, au contraire, au point opposé, la surface suivie par l'instrument se trouve réduite ainsi que l'intervalle laissé entre le sillon de chaque dent. Selon qu'on aura à herser des champs salis par les plantes adventices, à enfouir des fumiers, ou bien à recevoir des graines légères ou des engrais pulvérulents, on devra adopter l'un ou l'autre de ces deux points d'attache. On attelle encore la herse en *accrochant* ou en *décrochant*, suivant qu'on veut agir d'une façon plus ou moins énergique.

Dans le premier cas, la pointe des dents qui doivent toujours être un peu inclinées, est tournée du

côté de l'attelage ; dans le deuxième cas, elle est tournée du côté opposé. Lorsqu'on herse en accrochant,
on soulève le sol, on arrache les racines des mauvaises herbes, et on donne une véritable façon superficielle au champ ; lorsqu'au contraire on herse en
décrochant, le travail effectué est plutôt un travail
d'aplanissement du sol ; cette dernière manière d'opérer est surtout employée lorsqu'il s'agit de recouvrir
des graines légères.

Le modèle de herse parallélogrammatique, qui nous
paraît le plus approprié aux exigences de travail que
doit faire cet instrument, est la herse dite de Valcourt.
Elle se compose d'un bâti formé de quatre limons,
disposés en losange, de 1 mètre 50 de longueur, et
distants de 30 à 35 centimètres l'un de l'autre. Ces limons sont réunis par trois traverses ayant 1 mèt. 10
à 1 mèt. 20 de longueur, qui déterminent la largeur
de la herse. Chaque limon porte six dents d'une largeur de 30 centimètres, mais n'ayant que 20 à 25 centimètres de saillie en dehors du bois ; ces dents sont
distantes les unes des autres de 25 centimètres. Les
deux limons latéraux sont pourvus à leurs deux extrémités de crochets qui reçoivent une chaîne d'attelage.
Le poids de la herse dépend de l'épaisseur donnée aux
bois qui forment le bâti et de celle des dents. On l'attelle d'un ou de deux chevaux, suivant le travail à

effectuer, l'état et la nature du sol ; parfois pour
donner plus d'énergie au hersage, on charge le bâti
de matières pesantes dont l'action fait pénétrer plus
profondément les dents dans le sol.

Lorsque l'on veut opérer sur une grande surface ou
lorsque le sol est inégal, on emploie des herses paral-
lélogrammatiques accouplées. Pour cela, on place
coté à côté deux ou trois herses que l'on assemble par
des chaînons mobiles, et on les rattache à une barre
droite qui les réunit aux palonniers d'attelage. Ainsi
accouplées, ces herses demandent un plus grand effort
de traction, mais elles font beaucoup plus de travail.

Quelques constructeurs fabriquent aussi des herses
dites en zig-zag, tout en fer, et qui tendent à se répandre dans un grand nombre de départements. Formées de chassis en zig-zag, articulés deux par deux
par des crochets, ou simplement réunis par des petites
chaînes, ces herses présentent l'avantage de pouvoir
prendre exactement la forme du terrain. Elles font un
bon travail ; mais elles sont lourdes et nous leur pré-
férons les herses de Valcourt simples ou accouplées.

En général les dents des herses sont simplement
emmanchées dans le bâti. Lorsque celui-ci est en fer,
on peut étirer la dent en cône et la terminer par un pas
de vis ; un écrou placé au-dessus de la barre suffit
pour assujettir la dent d'une manière absolue. Ce sys-

tème adopté par plusieurs constructeurs français
assure la solidité des dents dont toutes les parties
présentent la même force, et permet de changer avec
rapidité celles qui sont brisées ou détériorées par
l'usage.

Pour la culture en billons, la herse à régulateur
trouve une application rationnelle et est substituée
avec avantage au travail manuel. Elle répartit effectivement les semences avec une plus grande régularité
en divisant et en mélangeant la terre sur les billons ;
elle relève et nettoie le fond des raies avec son sabot,
broie et coupe toutes les mottes de terre, tandis que
les femmes chargées de ce travail se contentent souvent de les recouvrir de terre meuble, pour les cacher.
Enfin, elle constitue une économie réelle ; attelée d'un
cheval ou d'un bœuf et conduite par une femme ou un
enfant, elle donne une quantité de travail égale à celui
de dix à douze personnes.

En usage depuis quelques années dans la partie inférieure de la vallée du Lot, cette herse se compose
d'un sabot de 96 centimètres de longueur, supportant
tout le corps de l'instrument et destiné à passer dans
le fond des raies des billons. A la partie postérieure
de ce sabot sont fixées deux oreillettes servant à relever la terre qui a glissé dans le bas des sillons. Deux
ailes de forme rectangulaire sont fixées à l'instrument

par des boulons, de manière à pouvoir conserver un
mouvement de rotation autour de leur point d'attache.
Ces ailes ont une forme légèrement cintrée qui leur
permet d'embrasser chacune la moitié d'un billon. Elles se composent de deux ou trois traverses, suivant
la grandeur de la herse, de 70 centimètres de long,
supportant chacune de huit à neuf dents ; des liens
unissent les traverses et servent à les consolider. Les
dents sont en fer, disposées en lame de couteau et
recourbées en arrière ; elles ont 16 centimètres de
longueur sur 5 de largeur. Elles sont maintenues sur
les bras de la herse par un écrou qui doit reposer sur
une lame de fer destinée à préserver et à renforcer les
traverses. Deux montants verticaux de 56 centimètres
de hauteur sont placés, l'un en avant, l'autre en arrière du sabot ; ils supportent un mancheron dans
lequel s'engage une vis dite régulateur, de 65 cent. de
longueur, terminée à sa partie supérieure par une
poignée. Cette vis, entraînée à droite ou à gauche, fait
mouvoir une coulisse qui imprime aux ailes de l'instrument le mouvement qu'elle reçoit. Cette disposition
permet de donner aux ailes de la herse une inclinaison
plus ou moins prononcée, suivant la hauteur des billons à herser.

Pour herser des billons dont on ne veut pas relever
la terre, ou certaines extrémités de champs labourées

à plat, on a disposé le sabot de manière qu'il puisse être facilement détaché du corps de l'instrument. Les ailes de la herse ne sont plus alors supportées que sur une semelle de bois assez mince, habituellement enchâssée dans l'intérieur du sabot et munie de deux dents à sa partie inférieure. Cette semelle, basse et dépourvue d'oreillettes, ne permet pas à la herse, ainsi transformée, de relever la terre tombée au fond des raies ; elle lui donne, au contraire, la faculté de prendre une position presque horizontale pour effectuer les hersages à plat.

III. — Semoir.

Le semoir est certainement l'un des instruments appelés à jouer le plus grand rôle dans les progrès à réaliser par les agriculteurs.

Encore peu répandus, ces engins ne sont guère appréciés que dans quelques contrées, où domine la grande culture ; ils pourraient assurément être employés d'une façon tout aussi avantageuse dans les pays de moyenne culture et même par la petite propriété, avec le système de louage dont il a été parlé plus haut. Le semoir a le double avantage de régulariser la semaille, de diminuer la quantité de graines à répandre, d'assurer une levée plus certaine et surtout

Semoir Smyth.

plus régulière, en plaçant les semences à une profondeur voulue, et enfin de permettre des sarclages plus faciles.

L'économie réalisée sur la graine par l'emploi des semoirs ressort d'une simple comparaison. Sur la ferme de 23 hectares dont il a été question plus haut (1ʳᵉ partie, chap. ɪɪ), 9 hectares environ sont consacrés aux céréales, dont 8 au froment. En semant à la volée, on emploie 180 à 200 litres de blé par hectare, ce qui fait de 14 à 16 hectolitres pour les 8 hectares ensemencés en blé. Avec le semoir, il suffit d'employer 100 à 120 litres par hectare, soit 800 à 960 litres pour les huit hectares. La différence en faveur du semoir est donc de 6 à 7 hectolitres. En supposant la valeur du blé à 20 fr. l'hectolitre, ce qui est un chiffre très bas pour les blés de semence, l'économie réalisée serait, dans le cas actuel, de 120 à 140 francs par an. En deux ou trois ans, le prix d'achat de l'instrument se trouverait remboursé par ce seul fait.

Si l'on tenait compte de la rapidité du travail, l'économie serait encore bien plus sensible. Pour une exploitation cultivant 20 hectares de blé, elle atteindrait 400 fr., seulement pour la valeur des semences. Ajoutons, en outre, que le semoir n'est pas uniquement employé pour le froment, mais qu'il est encore utilisé

7

pour répandre les graines de céréales de **toute nature,** ainsi que pour celles de betteraves.

Les agriculteurs ont aujourd'hui à leur disposition un grand nombre d'excellents modèles de semoirs. Presque tous sont construits d'après les mêmes principes. L'instrument se compose de deux parties essentielles : un appareil distributeur et un appareil rayonneur. L'appareil distributeur comprend une trémie divisée en deux parties séparées par une cloison. Le grain tombe du premier compartiment dans le second par une série d'ouvertures munies de vannes destinées à en régler l'entrée. Là le grain est saisi par des cuillères qui le déversent dans des entonnoirs aboutissant à des tuyaux ou tubes qui descendent jusqu'au niveau du sol pour former l'appareil rayonneur. En avant de ces tubes, de petits socs entrent légèrement dans la terre et y tracent la raie où vient tomber le grain. Il suffit ensuite d'un trait de herse pour le recouvrir et terminer l'opération de l'ensemencement.

A l'aide de pignons de rechange, on donne à l'axe qui porte les cuillères une vitesse plus ou moins grande. Cette disposition permet d'accroître ou de diminuer à volonté la **quantité de semences à répandre** par hectare.

Le travail des semoirs varie suivant les dimen-

sions de l'instrument : avec un semoir de grandeur
moyenne, on peut semer trois à quatre hectares par
jour. Deux chevaux et deux hommes, l'un pour conduire l'attelage, le second pour diriger le semoir, suffisent pour ce travail.

Les semoirs à engrais destinés à répandre les engrais pulvérulents après les semailles, l'engrais en
couverture sur les blés levés, ou bien encore à plâtrer
les prairies, rendent des services analogues aux précédents. Toutefois leur emploi est moins indispensable
que celui du semoir à grains.

Il existe d'ailleurs aujourd'hui des semoirs, tels que
le semoir Garrett, disposés de façon à pouvoir semer
en même temps les graines et l'engrais. L'emploi de
ces semoirs est surtout avantageux pour la culture des
betteraves et des plantes industrielles dont les grains
sont répandus habituellement avec des engrais de
commerce.

IV. — Houe a cheval.

Le binage des récoltes de toutes natures est une
opération dont l'utilité n'est plus contestée aujour-
d'hui. « L'homme qui a fréquenté les halles et les
marchés à grains, disait la *Maison Rustique,* il y a
trente ans, sait qu'un binage a, sur la netteté des pro-

duits une influence qui augmente souvent la valeur
du blé de 2 francs par hectolitre. En supposant un
produit moyen de 18 hectolitres à l'hectare, un binage
de 15 francs donnerait une augmentation de 36 fr.
sur le produit brut, et de 21 fr. sur le produit net.
J'ai supposé que l'augmentation ne porte que sur la
qualité : mais je suis persuadé qu'elle agit aussi favorablement sur la quantité. » Cette dernière assertion
a été démontrée par des expériences nombreuses,
concluant toutes en faveur du binage. Aussi, l'emploi
des houes à cheval tend-il à se répandre de plus en
plus pour les récoltes dites sarclées (betteraves, carottes, choux, tabac, etc); il devrait devenir général
pour les céréales.

Aucune opération n'est plus propre que le binage
à faire disparaître les mauvaises herbes et à atténuer
les effets si souvent désastreux de la sécheresse dans
les climats méridionaux. Pour cela, on devrait faire
exécuter à la houe trois opérations différentes, à l'aide
de dents de rechange. Ces trois opérations consistent :

1° A couper les herbes adventices entre deux terres avec un premier jeu de dents repliées à leur partie
inférieure et disposées en forme de lame de couteau ;

2° A tenir constamment la surface du sol émiettée,
à l'aide d'un second jeu de dents, pour éviter l'évaporation occasionnée par la chaleur de l'été ;

3° A chausser et à déchausser les plantes avec un troisième jeu de dents construites d'uue manière particulière, et qui, en rapprochant ou éloignant la terre des plantes cultivées, amènent l'humidité aux racines et l'y emmagasinent en quelque sorte.

On a vu plus haut que le travail de la herse, en émiettant le sol, prévenait les effets de la capillarité et de la sécheresse ; on peut en dire autant des binages. « Prends ta houe et va arroser ton champ, dit un vieil aphorisme provençal. » L'observation des savants est venue confirmer l'exactitude de ce fait. Il est reconnu aujourd'hui que l'humidité perdue en été par évaporation est supérieure à la quantité d'eau nécessaire à la végétation des plantes. L'emploi de la houe a donc une double utilité : la destruction des plantes adventices et l'entretien de la fraîcheur du sol. Aussi, les Anglais, en tout gens fort pratiques, ont-ils imaginé certains systèmes de houes propres à exécuter le sarclage des céréales. D'une construction fort ingénieuse, ces instruments peuvent être mis au nombre des appareils agricoles les plus perfectionnés. Nous allons en donner une description. L'un des meilleurs modèles de houes à céréales est la houe Suryth, ainsi appelée du nom de son constructeur. Cette houe se compose d'un bâti placé sur l'essieu de deux roues, qui supporte un système de leviers

horizontaux , fixés par l'une de leurs extrémités sur
une traverse unique. L'autre extrémité vient s'appuyer sur des fourchettes en fer, et porte des couteaux
d'une disposition particulière qui forment la partie
active de la machine. Les fourchettes servent de support aux leviers, se relient à deux chaînes en fer qui
les rattachent à la partie supérieure de l'instrument :
en agissant sur ces chaînes, à l'aide de deux roues à
encliquetage, on peut relever les leviers et suspendre
le travail des couteaux. L'extrémité libre des leviers
est munie de poids dont le nombre et le volume permettent de régler la profondeur du travail.

Quant aux couteaux ou rasettes, ils se terminent
par une portion coudée qui entre en terre et dont le
tranchant effilé coupe les racines des mauvaises herbes. Ce tranchant est disposé de manière que les racines des plantes adventices soient coupées, et que le
sol soit ameubli, sans butter et sans atteindre les racines du blé.

La distance entre les leviers peut être portée à 15,
20, 25 centimètres, selon l'écartement des lignes de
blé à biner. — Avec une houe moyenne, ayant 1ᵐ 10
à 1ᵐ 20 de largeur, le travail demande un cheval pour
traîner la houe, un conducteur pour le cheval et un
homme pour tenir le gouvernail de la houe et la
maintenir en ligne droite.

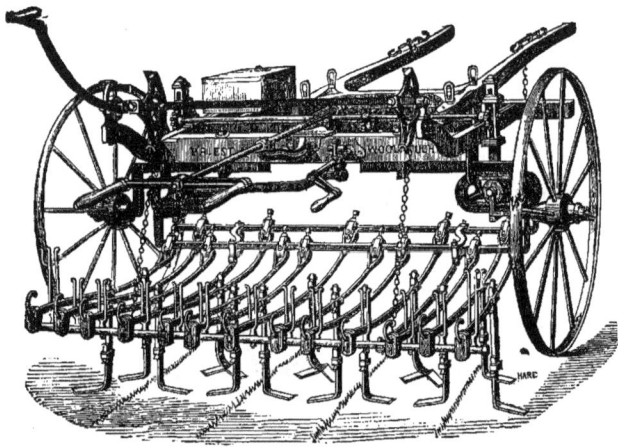

Houe à Cheval de Smyth

Lorsque la houe a des dimensions plus considérables (on en construit qui atteignent plus de 2 mètres
de largeur), il faut y joindre un avant-train. Dans ce
cas, la force de deux chevaux est indispensable pour
la traction de l'instrument. — La même houe peut
servir non-seulement pour tous les genres de céréales,
mais aussi pour les racines et les plantes sarclées ; il
suffit alors de donner un plus grand écartement aux
pieds de l'instrument. A côté de ces houes très perfectionnées, on trouve d'autres instruments de même
genre qui coûtent moins cher et fonctionnent parfaitement; telles sont les houes Dombasle, de Grignon,
Bouscasse dont on fait spécialement usage pour le nettoyage des plantes sarclées (betteraves, carottes, etc.).

Le binage, pratiqué avec une houe ordinaire, coûte
beaucoup moins cher que le binage à la main. Quelques réflexions très simples suffiront pour le prouver.
La houe à cheval peut sarcler en moyenne 1 hectare 30
par jour ; pour exécuter le même travail à la main, il
faut 10 journées de femmes ou d'enfants. Ces ouvriers
sont nourris et gagnent 0,50 à 0,60 centimes par jour ;
on peut donc estimer le prix de chaque journée à
1 fr. 50. Le sarclage de 1 hectare 30 coûtera alors,
exécuté à la main, 15 francs.[1]

---

[1] Ces chiffres varient avec les localités, les années, les conditions spéciales de chaque exploitation, etc. — Ils n'ont donc rien d'absolu et ils

Quant à la houe la dépense est la suivante :

Une journée de cheval et un conducteur 5 fr., dépenses annuelles en rapport avec 1 hect. 30 ares. (Intérêt à 5 pour 100 d'un capital de 90 francs représentant la valeur de l'instrument, amortissement de l'instrument en 15 ans à 5 p. 100, risques à raison de 0,30 c. pour 100) 0,50 centimes; total : 5 francs 50 centimes. Mais une houe ne peut pas suffire à tous les binages; on est obligé de faire passer des ouvriers dans les lignes pour les travailler à la main. Cette opération peut être évaluée pour un écartement de lignes de 0,60 centimètres à un tiers de la surface. Il faut donc ajouter au prix de revient du binage fait à la houe le prix du sarclage des lignes exécuté à la main, soit, pour le cas présent, 5 francs.

Nous nous trouvons donc en présence des résultats suivants :

Frais de sarclage manuel............ 15 »
    par 1 h. 30.

Frais de sarclage à la houe, travail de la
    houe................ 5 fr. 50 } 10 50
Travail à la main.......... 5   »)

    Différence en faveur de la houe.... 4 50

---

ne doivent être considérés ici que comme des éléments de démonstration. Cette remarque s'applique également aux chiffres que nous aurons à citer plus loin en parlant des autres instruments et appareils agricoles.

Si l'on avait 15 ou 20 hectares à sarcler annuellement, on gagnerait, on le voit, en peu de temps la valeur de l'instrument. Aussi, dans les contrées où la main-d'œuvre est rare et chère, dans la plaine de Caen par exemple, les agriculteurs disposent-ils, pour bénéficier des grands avantages que donne la houe, certaines plantes sarclées en carrés ou en quinconces. Grâces à ce mode de culture, ils peuvent diriger leur instrument dans le sens de la longueur et de la largeur des champs et opérer ainsi toutes sortes de binages sans l'intervention de la main-d'œuvre.

Nous n'avons pas fait entrer en ligne de compte, dans les calculs que nous venons de présenter, la faculté donnée par la houe de pouvoir exécuter le travail plus rapidement et avec une plus grande perfection. Ces deux facteurs ajoutés aux précédents accroîtraient encore l'avantage en faveur du sarclage mécanique.

V. — SCARIFICATEUR ET EXTIRPATEUR.

Nous avons exposé plus haut les avantages des labours profonds; nous devons maintenant faire ressortir l'utilité des façons superficielles.

Le travail de l'extirpateur n'a pas pour but

de remplacer les labours; mais il est destiné à
détruire les plantes adventices et à maintenir le sol en
bon état d'ameublissement. Cette dernière opération
est surtout importante en ce qu'elle permet aux agents
atmosphériques d'exercer leur action bonifiante durant l'intervalle de deux récoltes.

On sait avec quelle rapidité les plantes adventices
se propagent dans les champs; d'un autre côté, les
bras sont trop rares aujourd'hui pour qu'on puisse les
détruire par des sarclages faits à la main; il faut donc
les remplacer par des instruments qui exécutent ce
travail dans de meilleures conditions. Les extirpateurs
ou les scarificateurs sont appelés à jouer ce rôle.

Au lieu de ne labourer que 30 ou 40 ares comme à la charrue, on peut dans le même temps
faire avec l'extirpateur une étendue trois à quatre
fois plus considérable. Les graines des plantes
adventices, au lieu d'être enfouies à des profondeurs
défavorables à leur venue, se trouvent placées sur
un terrain dont la surface est ameublie, ce qui
provoque leur germination. Une deuxième façon donnée avec le même instrument après leur germination, mais avant que les plantes n'aient produit
leurs graines, suffit alors pour les détruire presque
complétement et pour nettoyer le sol.

L'extirpateur donne, en second lieu, la faculté

d'effectuer rapidement les labours de printemps, lorsqu'on est pressé par le temps, ainsi que cela se pratique sur plusieurs points de la Beauce et de la Normandie et il fournit le moyen d'ameublir avec promptitude et économie le sol après qu'il est tombé une
pluie battante, qui a formé une véritable croûte à sa
surface.

La forme générale d'un scarificateur est celle d'un
bâti triangulaire ou quadrangulaire porté sur trois
roues. Ce bâti est muni d'une volée d'attelage à sa
partie antérieure et porte deux ou trois rangées de
dents disposées de façon à ce que chacune d'elles travaille sur une portion déterminée de la surface par-
courue par l'instrument. Les dents sont formées de
deux parties : le pied qui est en fer et la lame qui est
en acier ou en fonte; on peut, suivant le travail à exécuter, changer la forme de ces dents, et alors, au lieu
d'un scarificateur, destiné à l'ameublissement du sol,
on a un extirpateur propre à l'arrachage des mauvaises
herbes. Dans ce dernier cas les dents sont disposées
en lames à tranchant horizontal et forment de véritables petits socs qui coupent toutes les racines à une
certaine profondeur au-dessous de la surface du sol.
Enfin, si on espace convenablement les pieds du scarificateur et si on leur adapte un corps de buttoir de
dimensions restreintes, on le transforme en rayonneur.

Le mécanisme destiné à régler l'entrure des dents du scarificateur dans la terre doit être simple ; il consiste généralement en un levier coudé dont le point d'appui se trouve placé sur l'essieu des deux roues principales de l'instrument.

Un bon scarificateur doit posséder un levier solide pouvant être manœuvré pendant la marche de l'instrument ; il doit présenter, en outre, dans l'ensemble de ses divers organes, une disposition qui prévienne l'engorgement des dents.

Parmi les scarificateurs les plus estimés, il faut citer ceux de Coleman. Ce constructeur fabrique deux modèles de scarificateurs ; les plus petits ont cinq pieds et ne sont mus que par un seul levier ; les modèles de plus grande dimension possèdent sept pieds et sont munis de trois leviers. Les scarificateurs Coleman sont formés d'un fort bâti supporté par trois roues, dont l'une se trouve en avant et les deux autres en arrière. Le levier est placé au centre du bâti ; il peut être arrêté au moyen d'une goupille, à différents degrés d'un arc de cercle dans lequel il se meut ; il sert à régler l'entrure des pieds, en soulevant et en abaissant le bâti qui les supporte. Il fait, à cet effet, tourner un cylindre armé d'oreilles, qui agissent sur autant de bielles qu'il y a de dents, et font pivoter celles-ci pour les faire monter ou descendre. Les

pieds sont relevés quand on abaisse le levier central ;
en le remontant plus ou moins, on fait pénétrer au
contraire les dents d'une quantité équivalente dans
le sol.

Dans les grands modèles munis de trois leviers, les
leviers de côté, portant sur l'axe même des roues
latérales, permettent de régler l'inclinaison de l'instrument. Ces instruments sont ainsi particulièrement
appropriés aux sols accidentés.

Un régulateur, fixé sur la roue antérieure, permet
de diriger la ligne de traction dans le sens même de la
résistance. On utilise ainsi complétement l'effort développé par l'attelage. Cet instrument possède dix
formes diverses de socs, qui servent à le transformer
en scarificateur, en extirpateur ou en rayonneur.

Le scarificateur Coleman a reçu récemment une
dernière modification, qui lui donne encore un plus
grand caractère d'utilité. Il suffit d'enlever les socs
ordinaires et de les remplacer par quatre corps de
charrue. L'instrument que l'on obtient ainsi est excellent pour les labours superficiels ; avec quatre chevaux, on peut atteindre une profondeur de 12 centimètres, en traçant quatre sillons d'un seul trait. Il
fait un excellent travail dans les terres légères. Le
poids de l'instrument, y compris les socs ordinaires
et les corps de charrues, est de 360 kilog. Quelques

constructeurs diminuent le poids au détriment de la
solidité ; c'est une pratique qu'on ne saurait trop
réprouver au nom des intérêts véritables du cultivateur : un instrument de grande fatigue, comme le
scarificateur, doit être, avant tout, d'une solidité
parfaite.

VI. — FAUCHEUSES.

L'importation en France des premiers modèles de
machines à faucher remonte à plus de vingt ans.
Il a fallu ce long laps de temps et la rareté toujours croissante des bras au moment de la fauchaison pour appeler d'une manière complète l'attention
sur ces machines. Elles commencent aujourd'hui à se
répandre dans toutes les contrées. Il est vrai qu'elles
ont reçu de nombreux perfectionnements, et qu'on
peut les considérer comme ayant atteint un degré de
perfection presque complet.

Il existe actuellement plusieurs modèles de faucheuses construites en France, en Angleterre et en
Amérique. Presque toutes ces machines dérivent du
même type, la faucheuse Wood qui tient encore, dans
le plus grand nombre des circonstances, le premier
rang. Nous allons en décrire rapidement les parties
essentielles.

Faucheuse Wood.

Sur l'essieu de deux roues motrices, auquel est articulée la flèche d'attelage repose un bâti renfermant tout le mécanisme. Celui-ci se compose de deux roues dentées intérieurement et concentriques aux roues motrices, qui engrènent chacune sur un pignon. Ces deux pignons sont reliés par une tige rigide portant une roue d'angle. Cette dernière roue commande un pignon fixe sur une deuxième tige perpendiculaire à la première, et se terminant à son autre extrémité par un petit volant sur lequel s'articule la bielle qui donne à une scie latérale à la machine un mouvement rectiligne alternatif. La bielle et la scie font 64 courses simples pendant un tour des roues. En supposant une vitesse de 1m 10 environ pour l'attelage par seconde, le petit volant fait 13 tours dans le même temps, et la scie marche avec une vitesse de 1m 80.

Le conducteur est placé sur un siége entre les roues motrices ; de là, il guide facilement ses chevaux, tout en exerçant une surveillance active sur toutes les parties de la machine. Il a sous la main deux leviers, l'un destiné à embrayer ou à désembrayer, c'est-à-dire à mettre la scie en marche ou à l'arrêter, et l'autre servant à relever la scie lorsqu'on rencontre des obstacles et à régler la hauteur de la coupe. Le point important, pour que le travail puisse se faire sans arrêt, consiste à tenir les engrenages bien graissés.

Quant au conducteur, il lui suffit d'un apprentissage de quelques heures pour savoir diriger convenablement une faucheuse.

La coupe des prairies avec les machines à faucher peut être obtenue aussi près de terre qu'on le désire. Cet avantage se fait surtout sentir lorsqu'il s'agit de la récolte des regains. Dans ce dernier cas, les tiges restant de la première coupe, qui se sont accrues de quelques centimètres, sont très difficilement atteintes quand on se sert de la faux. L'expérience a démontré que la faucheuse, au contraire, les coupait parfaitement et que, loin d'être un obstacle, les vieilles tiges facilitaient le travail en servant de point d'appui pour couper les herbes fines et molles des nouvelles pousses qui les entourent.

Une faucheuse peut couper en moyenne par jour 3 hectares, en travaillant pendant dix heures avec un attelage de deux chevaux. Pour exécuter le même travail à la main, il faudrait huit journées de faucheurs. Il est facile d'établir avec ces données le prix de revient du fauchage mécanique et celui du fauchage à bras.

La fauchaison à bras, qu'on l'exécute en un seul jour ou en plusieurs, revient au même prix pour trois hectares. En comptant la journée à 3 francs, le total est de 24 fr. Avec la faucheuse, ce travail coûte :

pour les chevaux, les dépenses journalières de la machine (huile, graisse, réparations), 10 fr.; pour le conducteur, 4 fr.; total : 14 francs. Il y a donc, avec la machine, une économie de 10 fr., soit près de 40 pour cent, sur le travail à bras. Dans le premier système, la coupe d'un hectare reviendrait à 8 fr.; dans le deuxième à 4 fr. 65 seulement.

Il est vrai que nous n'avons pas fait entrer en ligne de compte l'intérêt du prix d'achat de la faucheuse, l'amortissement et les risques. Mais ces éléments ne peuvent être pris en considération que si l'on étudie la machine dans des conditions normales, c'est-à-dire fonctionnant sur de grandes surfaces. Pour cela il faut supposer une étendue de 60 à 80 hectares; prenons ce dernier chiffre. Une machine à faucher, avec ses lames de rechange, coûte au plus 700 fr. Le prix de revient du fauchage de 80 hectares peut être établi de la manière suivante :

27 journées de travail à 14 francs......... 378f

Intérêt du prix d'achat à 5 p. 100........ 35

Amortissement et risques.............. 124

_____

537

Le fauchage à bras de 80 hectares revient à 640 fr. Il y a donc une économie de plus de 100 fr. par le fauchage mécanique. Il faut d'ailleurs ajouter que le

8

prix des journées des chevaux et les frais d'entretien
out été portés à leur taux le plus élevé, suivant la
règle que nous avons adoptée pour les estimations de
ce genre qui ont déjà été faites plus haut.

Le tableau suivant permet de se rendre compte du
prix comparé du fauchage à bras et du fauchage
mécanique; on peut ainsi établir le moment où il
devient avantageux de se servir des faucheuses, suivant les surfaces sur lesquelles on opère :

		Fauchage à bras.	Fauchage à la machine
Prix du fauchage de 20 hectares..		160^f	217^f
—	30 —	240	265
—	40 —	320	313
—	50 —	400	377
—	60 —	480	425
—	70 —	560	453
—	80 —	640	537
—	90 —	720	585
—	100 —	800	633
—	120 —	960	745

Peu d'exploitations possèdent des prairies d'une
étendue égale à celles indiquées dans les dernières
colonnes de ce tableau : il nous a cependant paru
utile d'en dresser le prix de revient de fauchage

pour montrer combien l'avantage augmente avec les machines à mesure qu'on les emploie sur, de plus grandes surfaces.

Si l'on tenait compte de la rapidité du travail qui, avec la faucheuse, peut être fait à jour dit et sans que l'on ait d'interruption à craindre, l'avantage serait encore plus grand. Mais il est inutile d'insister, les chiffres qui précèdent sont suffisamment explicites et excluent la nécessité de tous commentaires.

VII. — FANEUSES.

La faneuse est le complément de la faucheuse. Employés généralement avant l'adoption définitive des faucheuses, ces instruments sont indispensables pour permettre de profiter des avantages des faucheuses. Une simple réflexion suffira pour le prouver : ils fanent en une journée une surface égale à celle qui est coupée par les faucheuses.

Les divers modèles de faneuses sont construits d'une façon analogue et ne diffèrent que par la disposition et le mode d'action de leurs organes. Une faneuse se compose, d'une manière générale, d'un tambour concentrique à l'essieu de deux roues motrices, qui servent en même temps de support à tout le système. Ce tambour est armé sur son pourtour de longues

dents légèrement contournées qui saisissent le foin
coupé et le projettent en tous sens. Un cheval suffit
pour mettre l'instrument en marche.

Pour être bien préparé, le foin a besoin, dans des
conditions moyennes, de trois journées de chaleur, et
il doit être remué deux fois par jour. D'après ces données, il est facile de calculer l'économie obtenue par
le fanage mécanique sur le fanage à bras. Nous ne
tiendrons pas compte, dans cette évaluation, de cette
circonstance que les surfaces occupées par le foin
diminuent constamment pendant les opérations du
fanage, qui tendent à l'accumuler sur des parcelles de
plus en plus petites, de telle sorte qu'au troisième fanage la superficie primitivement recou-
verte se trouve réduite de moitié. Ce fait se repro-
duisant pour le fanage mécanique comme pour le
fanage à bras, les termes de comparaison ne changent pas.

Il faut trois femmes pour faner un hectare de prairie
en un jour : à 1 fr. 60 l'une, c'est une dépense
de 4 fr. 80. La même opération répétée trois fois,
revient à 14 fr. 40. Avec une faneuse, on fane
quatre hectares par jour pour 12 francs. Ce même
travail, répété trois fois, coûte en totalité 36 fr. pour
les quatre hectares, ce qui met à 9 fr. le prix du
fanage d'un hectare. Il y a donc, dans tous les cas,

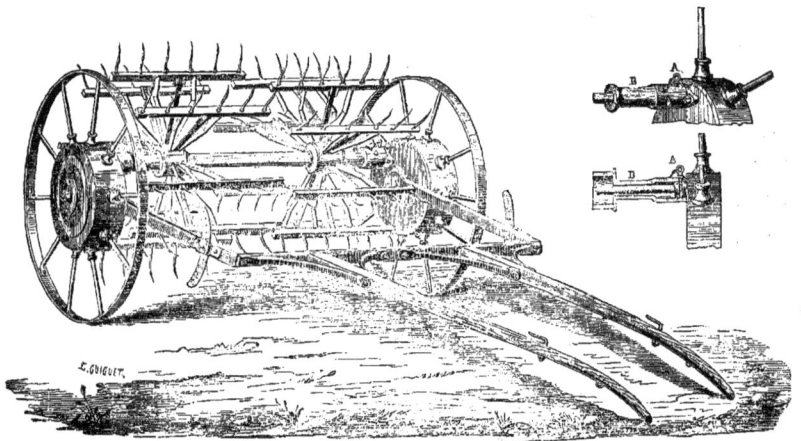

Faneuse Nicholson

Modifiée par M. Guilleux, constructeur à Segré (Maine-et-Loire.)

une économie de 5 fr. par hectare sur le prix de la main-d'œuvre, en employant une machine à faner.

Pour faire le fanage de quatre hectares en trois jours, il aurait fallu employer 12 femmes. D'ailleurs l'économie va en croissant avec l'étendue à faner ; pour 100 hectares de prairie, elle serait de plus de 200 fr. Pour faner à bras ces 100 hectares, pendant le même temps, il eût fallu employer de 35 à 40 femmes. On voit donc immédiatement l'indépendance que se crée l'agriculteur qui sait faire à propos la dépense du prix d'achat d'un semblable instrument. Le seul reproche qu'on puisse adresser à la faneuse c'est de s'embarrasser quelquefois dans les prairies abondamment fournies d'herbes.

Voici les résultats de calculs aussi précis que possible sur le prix de revient du travail des faneuses pour des prairies d'étendues différentes.

Pour une prairie de :

5 hectares, le prix du travail de la faneuse par jour est de............ 10^f 80

10	—	—	8 50
15	—	—	7 85
20	—	—	7 50
25	—	—	7 30

Pour une prairie de :

5 hectares, la dépense annuelle est de....	40	50
10 — —	63	75
15 — —	87	98
20 — —	112	50
25 — —	136	87

Ces chiffres mettent en relief l'économie qu'on peut réaliser sur le fanage à bras, d'après les prix de la main-d'œuvre dans des conditions déterminées.

Les bons modèles de faneuses mécaniques sont aujourd'hui très nombreux ; on doit toutefois préférer ceux qui ont un mouvement avant et arrière, des râteaux disposés de manière à prévenir l'engorgement et supportés par un ressort, de façon à pouvoir céder en présence d'un obstacle.

VIII. — Rateaux a cheval.

En agriculture, les faits successifs se lient de la manière la plus intime. Aussi l'usage des instruments agricoles rend-il surtout d'importants services, lorsqu'il permet d'effectuer diverses séries d'opérations, sans avoir recours, au moment des grands travaux, à une main-d'œuvre rare et chère. L'adoption des faucheuses et des faneuses dont il vient d'être question

Râteau à Cheval d'Howard.

doit entraîner à sa suite celle des râteaux à cheval. Les avantages signalés pour les instruments déjà décrits se retrouvent dans l'emploi des râteaux. Ceux-ci exécutent d'ailleurs d'autres travaux, tels que le ratissage des prairies artificielles et même des champs de céréales après la moisson ; les services qu'ils rendent dans ces circonstances doivent entrer en ligne de compte dans l'évaluation des avantages qu'ils présentent. Néanmoins, nous n'en tiendrons pas compte ici ; nous n'estimerons que le travail produit par l'emploi des râteaux à cheval sur les prairies après le passage de la faneuse.

Un râteau à cheval d'une largeur de 2 mètres, à dents indépendantes, traîné par un cheval, et mené par le conducteur qui manœuvre en même temps le râteau, peut facilement ratisser 2 hectares en une heure de travail ; c'est le travail que quatre personnes exercées peuvent faire en une journée. En huit heures de travail, le râteau à cheval exécutera donc le travail de trente ouvriers. Ajoutons que le ratissage mécanique sera fait d'une manière plus parfaite, parce que les dents articulées de l'instrument pénètrent dans toutes les irrégularités du sol et ne laissent rien échapper de ce qui se trouve à sa surface.

Un râteau à cheval coûte en moyenne 400 francs. Quelque soit le taux auquel on compte l'amortissement et l'intérêt de l'argent, cette dépense ne devra pas dépasser 60 fr. par an. Il n'est pas difficile de calculer avec ces données le bénéfice qu'on retirera de l'emploi de cet instrument. Supposons une prairie de 50 hectares. Avec le râteau à cheval, on aura terminé le travail en trois jours ; les frais seront : intérêt et amortissement, 60 fr.; trois journées de cheval et de conducteur, 27 fr.; total, 87 fr. Pour faire la même opération à la main, il faut cent journées, à 1 fr. 60 l'une, soit 160 fr. L'économie réalisée par le râteau est donc de plus de 40 p. 0|0 ; il est inutile d'ajouter que cette économie croît, avec les surfaces ; pour une prairie de 100 hectares, elle arrive à 55 p. % et elle atteint avec une prairie de 200 hectares, 65 p. %.

L'avantage du râteau à cheval ressort pleinement des chiffres que nous venons d'exposer. Nous allons, toutefois, résumer, dans des tableaux, les résultats que nous avons obtenus pour des prairies d'étendue différentes.

Pour une prairie de :

5 hectares, la dépense journalière serait de.		8ᶠ 90
10 —	—	7 70
15 —	—	7 30
20 —	—	7 10
25 —	—	6 90

Pour une prairie de :

5 hectares, la dépense annuelle serait de.	44	50
10 — —	77	»
15 —	109	50
20 — —	142	»
25 — —	172	50

Il n'est pas étonnant, d'après ces chiffres, que le râteau à cheval soit de tous les nouveaux appareils celui qui ait pénétré avec le plus de facilité dans la pratique agricole.

Un bon râteau à cheval doit avoir les dents en fer de première qualité, et indépendantes les unes des autres, pour mieux résister aux obstacles et suivre exactement la forme du sol. Il est essentiel, en outre, que la courbure de ces dents soit combinée de manière à ce qu'elles poussent droit devant elles la charge du foin qu'elles ramassent en la laissant ensuite sur le sol dans un état qui permet à l'air et aux rayons solaires d'y pénétrer ; si elles avaient une courbure trop prononcée, comme c'est le cas pour beaucoup de râteaux, le foin y serait roulé et pelotonné d'une façon préjudiciable, et elles ramasseraient en même temps de la terre et des pierres. Enfin, il faut que le levier agisse avec promptitude et facilité, lorsqu'on veut débarrasser l'instrument du foin qu'il a entraîné.

Avant d'en finir avec ce chapitre, nous signalerons
un nouveau type de râteau dont les dents se meu-
vent automatiquement par le fait du mouvement des
roues et sans qu'il soit nécessaire d'employer le levier
qui sert à manœuvrer les râteaux ordinaires.

IX. — MOISSONNEUSES.

Les machines à moissonner ont été l'objet, pendant ces dernières années, d'importants perfectionnements. Au moment de l'Exposition universelle de
1867, à Paris, ces machines étaient encore lourdes et
imparfaites; elles égrenaient le blé, coupaient la
paille assez haut, et effectuaient un javelage défectueux. On peut dire aujourd'hui que les nouveaux
modèles n'offrent plus ces inconvénients; ils nécessi-
tent un effort de traction relativement peu considérable, ils respectent l'épi, peuvent couper régulièrement et donnent un javelage aussi parfait que possible.
Il suffit d'avoir assisté aux nombreux concours qui
ont eu lieu depuis l'année 1873, ou d'avoir vu fonctionner quelques-unes de ces machines pour s'en
rendre compte. Nous ne pouvons mieux faire, pour
appuyer notre opinion, que de citer ce qu'écrivait, à
l'occasion du concours de Grignon en 1873, un des

maîtres de la science agricole, M. J.-A. Barral. Il s'exprimait ainsi :

« Pour se procurer une bonne machine à moissonner, les agriculteurs n'ont plus que l'embarras du choix. Le problème de l'application des machines à la moisson des céréales est complétement résolu par des appareils solides, très-bien construits, et qui ne sont pas d'un prix trop élevé, si l'on considère l'importance des services qu'ils sont appelés à rendre.

« Plusieurs machines ont une telle valeur que l'on conçoit parfaitement que tour à tour, selon des nuances presque insensibles, l'une d'elles puisse mieux opérer que les autres.

« Les applications de la mécanique à l'agriculture n'ont jamais non plus triomphé d'autant de difficultés que dans l'invention et les perfectionnements successifs des machines à moissonner. Ce résultat démontre combien il est de plus en plus désirable que les savants prennent les choses rurales pour sujet de leurs recherches et que l'instruction se développe parmi les populations agricoles. »

Lors de l'introduction des machines à faucher, on estimait qu'elles pouvaient également faire la moisson des céréales. L'expérience a prouvé qu'il n'en est pas ainsi. La scie des faucheuses doit effectivement être

animée d'une plus grande vitesse pour couper les
herbes fines et peu résistantes des prairies que celle
des moissonneuses, qui est destinée, au contraire, à
attaquer des tiges d'une certaine rigidité.

La plupart des machines à moissonner offertes aujourd'hui aux agriculteurs dérivent du type imaginé
par l'Américain Mac-Cormick; mais elles ont reçu
d'importants perfectionnements, surtout en ce qui
concerne le javelage. A part quelques dispositions
spéciales à chaque type, les principaux organes des
moissonneuses sont agencés comme suit : La machine
est mise en mouvement par une seule roue motrice,
munie intérieurement d'une couronne dentée. Cette
couronne, qui est avantageusement remplacée dans
certains systèmes par une roue spéciale d'engrenage,
fait fonctionner, à l'aide d'un pignon et d'une roue à
couronne, l'appareil javeleur. Un petit pignon fixé
également sur l'axe de la roue motrice, donne l'impulsion à une moyenne roue d'angle, qui finalement fait
tourner une troisième roue en forme de volant et
imprime, de la sorte, à la scie, par l'intermédiaire
d'une bielle, un mouvement rapide de va-et-vient.

L'appareil javeleur proprement dit se compose de
deux râteaux et de deux rabatteurs passant alternativement sur le tablier que porte la machine en arrière
de la scie. La vitesse de cette dernière est de 1^m 10 à

1ᵐ20 par seconde, ce qui équivaut aux deux tiers
seulement de la vitesse de la scie des faucheuses.
Quant à l'appareil javeleur, il exécute un tour entier
lorsque la machine parcourt une distance de 6 à 7
mètres.

Un seul homme suffit pour conduire l'attelage et
surveiller le travail d'une machine à moissonner. Le
règlement de la hauteur de coupe des tiges s'obtient
assez facilement par l'abaissement ou par le relève-
ment du porte-scie. Quant au javelage, en variant les
transmissions de mouvement, on peut faire, avec la
moissonneuse, une à quatre javelles sur une longueur
déterminée, suivant l'état de la récolte. Enfin, le renouvellement des pièces brisées ou usées peut se faire
facilement, les pièces portant chacune un numéro
spécial, et les modèles étant tous établis, pour une
machine déterminée, d'après le même calibre.

Voici quels sont, d'après un rapport publié en 1873
par le ministère de l'Agriculture,[1] les principaux
mérites des moissonneuses Samuelson dont nous
reproduisons par la gravure l'un des types les plus estimés, la moissonneuse Omnium-royal.

---

[1] Rapport présenté par M. J.-A. Barral au nom du jury chargé de
décerner les prix au concours spécial de moissonneuses tenu les 1ᵉʳ, 2
et 3 août 1873 à l'école régionale d'agriculture de Grignon.

« La moissonneuse Samuelson dite Omnium se
« distingue par la grande solidité de sa construc-
« tion et son aptitude à vaincre les plus grandes
« difficultés en ce qui regarde la récolte et le terrain.
« Le bâti de la machine est en fer forgé, et tous les
« grands efforts auxquels des machines sont soumi-
« ses sont maintenus par cette matière.

« Les points principaux intéressant la construction
« de la machine sont les suivants :

« 1º Les grands rayons des bras des râteaux qui
« permettent à la machine de décharger des produits
« longs et mêlés ;

« 2º La facilité d'ajustement de ces râteaux à l'aide
« de vis pour balayer la plate-forme.

« 3º En raison du grand parcours des bras, la ma-
« chine est menée par l'homme à cheval sur une des
« bêtes, et il l'embraye et la désembraye à l'aide de
« cordes adaptées au manchon d'embrayage ;

« 4º La barre de coupe est élevée et abaissée à l'aide
« d'une vis sans fin et d'une crémaillère en forme de
« secteur sur un côté, et une vis sur l'autre côté ;

« 5º La coupe se fait par la scie sur deux doigts au
« lieu d'un seul comme cela a lieu habituellement, la
« manivelle ayant une course de 150 millimètres,
« tandis que les doigts sont disposés sur un écarte-

« ment de 75 millimètres. De cette manière une révo-
« lution de la manivelle effectue quatre coupes de
« scie contre le doigt au lieu de deux, comme dans
« la machine à simple course, et il en résulte que le
« nombre des révolutions de la manivelle peut être
« réduit de moitié au grand avantage de tous les
« supports servant à la transmission du mouvement
« de va-et-vient de la scie; il en résulte aussi la dimi-
« nution de l'usure de la tête de la lame et du tenon
« de la bielle ainsi que de la traction de la machine;

« 6° Le système des organes de transmission qui
« est ramassé sans être cependant de dimensions
« trop restreintes, a pour résultat un minimum d'u-
« sure sur les dents des engrenages. La transmission
« bénéficie d'un grand soulagement par l'adaptation
« de la scie à course double qui exige une vitesse
« beaucoup moins considérable, ce qui permet de
« diminuer dans le même rapport le nombre ainsi que
« le diamètre de ces organes;

« 7° La légèreté de traction de cette machine est
« remarquable; vu la faiblesse relative du poids et la
« solidité de l'appareil, deux chevaux sont plus que
« suffisants pour le travail;

« 8° La lubrification entière et celle du boulon de
« manivelle spécialement, qui exige une alimentation
« constante, ont été bien étudiées; à l'égard du bou-

« lon de manivelle, elle a été réalisée en y pratiquant
« une cavité pouvant contenir une certaine quantité
« d'huile;

« 9° Le système de décharge de la javelle, à l'aide
« de râteaux tournant autour d'un axe central verti-
« cal ou presque vertical, est conservé dans cette
« moissonneuse comme dans toutes celles de M. Sa-
« muelson; il est le même que celui introduit en
« Europe par M. Samuelson, pour la première fois en
« 1861. Ce système a été adopté depuis par tous les
» bons fabricants de moissonneuses, en Angleterre
« et ailleurs.

« La moissonneuse Omnium-royal (*Voir la gravure*
« *ci-jointe*) est une modification de la moissonneuse
« originale, dont on vient de lire une description, en
« ce qui regarde les points suivants :

« 1° Le poids total est moindre;
« 2° La traction est donc diminuée;
« 3° Le prix est moins élevé;

« 4° La marche des râteaux a lieu sur un rayon
« moindre, ce qui permet d'attacher le siége du
« conducteur au bâti de la machine, pour la plus
« grande commodité du conducteur;

5° La roue de commande et la roue en dehors sont
« mieux alignées, ce qui facilite les évolutions de la
« machine pour la faire tourner et la reculer;

Moissonneuse Samuelson.

« 6° La barre de la scie se projette en ligne droite
« avec l'axe principal de la machine, et elle tasse
« mieux sur un terrain inégal ;

« 7° La course double de la scie est conservée, mais
« les organes de transmission sont plus grands que
« dans la machine primitive, ce qui facilite d'autant
» la traction.

« 8° En sus de la faculté de soulever et d'abaisser
« la barre de la scie à l'aide d'une vis sans fin et
« d'une roue comme dans la machine primitive à
« râteau automatique, cette barre peut être élevée et
« abaissée rapidement sur une étendue de 10 à 13
« centimètres par le conducteur, ce qui est très
« avantageux pour certaines récoltes, et quand on
« revient à vide, alors que la coupe ne peut avoir lieu
« sur un ou sur deux côtés du champ ;

« 9° Le système de lubrification, à l'aide de robi-
« nets empêchant l'introduction de la poussière et des
« corps étrangers, est bien entendu dans cette ma-
« chine.

« La royale de Samuelson avec râteaux intermittents
« est semblable sous tous les rapports à la royale
« simple ; mais le conducteur peut contrôler le râteau
« à volonté, afin de faire la javelle quand il le désire.
« Cet avantage est d'une grande utilité quand il
« s'agit de récoltes irrégulières aussi bien que pour

9

« retenir la javelle sur la plate-forme lorsqu'on tourne
« l'appareil, afin de la décharger plus tard èt en
« position telle qu'elle ne sera pas piétinée par les
« chevaux dans les tournants ; le mécanisme qui
« assure ce résultat est excessivement simple. La
« disposition adoptée pour produire une action in-
« termittente peut être adaptée à la machine ou en
« être détachée, sans nuire en rien à la marché
« générale de la royale, car ces organes sont supplé-
« mentaires. »

Pour l'agriculteur, il ne suffit pas de savoir que les
machines à moissonner font un bon travail ; il doit
étudier de près les conditions économiques de ce travail. Il faut, pour cela, employer la méthode conseillée
pour la faneuse et le râteau à cheval. Voici quelle
serait, pour une étendue de 50 hectares de blé à couper, l'économie à réaliser avec une moissonneuse.

La coupe d'un hectare de céréales revient, dans les
conditions ordinaires, lorsque ce travail est fait à la
faux, à 20 ou 25 francs. Si l'on a 50 hectares à moissonner, la dépense sera au moins de 1,000 francs.
Avec une machine coûtant 1,200 francs et coupant
4 hectares par jour, la dépense sera :

12 journées et demie à 16 fr. (4 chevaux à 2 fr.,
    et deux conducteurs à 4 fr.)...... 200   »

Report.	200	»
Intérêt du prix d'achat à 5 p. 100.	60	»
Amortissement en dix ans.	120	»
Entretien et graissage, à 2 fr. par jour.	25	»
Total.	405	»

L'économie dépasse 50 p. 100 dans le cas actuel. Si la moissonneuse devait couper une étendue supé-rieure à 50 hectares, l'avantage serait encore plus considérable.

Pour fonctionner d'une façon satisfaisante, pendant une journée de 10 heures, une moissonneuse doit avoir à sa disposition quatre chevaux. Chaque attelée étant de deux heures et demie, le premier attelage a le temps de se reposer lorsque le deuxième travaille.

L'introduction des machines à moissonner ne donne pas seulement la faculté de pouvoir mettre les mois-sons rapidement à l'abri des intempéries des saisons et d'affranchir le cultivateur des exigences parfois exorbitantes des coupeurs ; elle permet encore d'avoir disponibles pour le liage du blé sec et le transport des gerbes tous les bras de l'exploitation. Disons toutefois, en terminant, que, pour tirer bon parti des moisson-neuses, il faut des champs nettoyés, épierrés, une sur-face bien nivelée, des chemins d'exploitation bien

entretenus. C'est ainsi que tous les progrès s'enchaî-
nent et que l'un appelle nécessairement l'autre.

X. — Machines a battre.

Les perfectionnements des machines à battre re-
montent à une date plus reculée que ceux des machines
dont il a été question dans les paragraphes précédents. Il y a aujourd'hui vingt ans qu'elles sont répandues dans toutes les parties de la France. Les
constructeurs en fabriquent pour la grande et la
moyenne culture ; on a vu même apparaître, dans ces
dernières années, des petites machines mues par un
manége à un cheval ou à bras, spécialement destinées
aux toutes petites exploitations, mais, disons-le, dont
l'emploi est rarement économique.

Le principe d'après lequel les machines à battre
égrennent le blé est bien connu de tout le monde. On
sait qu'elles battent en raison de la vitesse d'un cylindre batteur de 50 centimètres de diamètre, qui, suivant les récoltes à battre, doit faire au moins 800
tours à la minute, mais ne doit pas dépasser 1200
tours. Le blé est ainsi attiré et projeté avec une
force telle qu'il se détache de l'épi. A l'origine on a
construit des machines à battre établies d'après des
systèmes différents. On a d'abord cherché à égrener

le blé par choc, puis on a remplacé ce système fort
défectueux par les batteuses à rotation et à choc (système Meikle); enfin sont survenues les machines Pitts
et Moffit agissant par friction, et les machines actuelles
dont nous venons d'exposer le principe. De ces divers
systèmes, les machines battant par vitesse sont aujourd'hui les plus répandues et pour ainsi dire les
seules en usage chez les agriculteurs. On les divise en
deux classes : les machines battant en travers, et les
machines battant en bout. Pour les premières la gerbe
est présentée à la machine parallèlement au batteur;
pour les secondes, elle est présentée dans le sens de
la longueur, les épis en avant. Les batteuses en travers laissent la paille intacte, et elles sont préférées
sur les exploitations où l'on fait le commerce de cette
denrée. Dans le midi où le battage a encore lieu sur
bien des points à l'aide du rouleau, on n'est pas habitué à tenir compte, même pour la vente, de la conservation de la paille ; aussi les batteuses en bout y
sont-elles généralement adoptées.

Les machines à battre sont fixes ou locomobiles;
elles sont mues par un manége ou par une machine à
vapeur. Les grandes machines à battre mues par la
vapeur renferment, outre l'appareil proprement dit de
battage, un ventilateur, des cribles et des nettoyeurs,
qui rendent le grain en état d'être porté au marché.

Pour cela, le blé, après avoir traversé les cylindres
batteurs, tombe dans un ventilateur, qui le débarrasse
des balles et des menues pailles. De là, il passe
dans une série de cribles où il est vanné de nouveau,
puis divisé en plusieurs qualités. Pendant cette opération, la paille est reçue de son côté, par des se-
coueurs et rejetée en dehors de la machine.

Les batteuses en bout, destinées aux moyennes exploitations, sont pourvues généralement, qu'elles
soient mues par un manége ou par une machine à
vapeur, d'un tarare déboureur qu'on fait fonctionner,
soit avec la machine, soit séparément, et qui a pour
but de trier les grains, les balles, les menues pailles.
Le grain qui en sort peut être ensaché et mis au gre-
nier; mais, pour être rendu suffisamment propre pour
la vente, il doit être soumis à un nouveau criblage. Il
faut donc exécuter une double opération pour le nettoyage des grains battus par ces sortes de machines.

Les batteuses locomobiles présentent sur les batteuses fixes l'avantage de pouvoir être placées auprès
des meules de blé et des greniers, circonstance qui
permet de réaliser une grande économie sur les frais
de transport.

Les grandes machines à battre mues par la vapeur
battent journellement 50 à 200 hectolitres de grain;
il y a même des machines, construites en vue des en-

treprises de battage à façon, qui donnent un travail presque double de celui-ci. Les machines moyennes peuvent battre facilement 70 à 100 hectolitre par jour.

La rapidité avec laquelle marchent les organes des machines à battre tend à les détériorer rapidement ; aussi, doit-on veiller à ce qu'ils soient établis avec la plus grande solidité.

La grande extension prise par les machines à battre atteste leur emploi avantageux. Mais peut-on indiquer, parmi tant de types divers, un système supérieur à tous les autres et pouvant donner de meilleurs résultats économiques ? Le prix de revient du battage est variable, comme on le sait, avec le moteur, les dimensions, le nombre d'ouvriers employés, et le travail fait en un jour par chaque machine. Aussi, autant de machines, autant de solutions différentes à cette question. Il ne nous a donc pas semblé opportun de refaire ici les calculs qui ont été établis à plusieurs reprises sur ce sujet. Nous citerons seulement les conclusions auxquelles est arrivé un des hommes les plus compétents en semblable matière, M. Londet, professeur d'économie rurale à l'école régionale d'agriculture de Grand-Jouan.

Ce savant économiste a établi la comparaison du prix de revient du battage avec une machine ordinaire à manége de Lotz et une forte machine anglaise de

Garrett, également mue par un manége.[1] Il a ainsi
démontré que les machines puissantes battent plus
économiquement, sur les grandes exploitations, que les
machines de moyenne dimension. D'un autre côté, il a
trouvé que les machines à deux chevaux sont plus
avantageuses sur les exploitations moyennes que la
machine Lotz, et que, sur les petites exploitations, le
battage au fléau est moins coûteux que le battage avec
les machines.

Les conclusions de M. Londet étaient faciles à prévoir. Le prix du battage au fléau est constant et uniforme, quel que soit le nombre d'hectolitres à battre;
le prix de revient du travail des machines va, au contraire, en diminuant lorsqu'on lui demande le battage de grandes quantités de céréales. D'une manière
générale, le prix du battage à la machine est en raison
inverse de l'étendue des exploitations.

XI. — TARARES.

Le tarare est le complément indispensable de la
machine à battre ; il nettoie le grain et en sépare les
balles, les pierres, etc., qui s'y trouvent toujours mê-

---

[1] *Traité d'économie rurale,* par A. LONDET, 2 vol. in-8º. — Librairie
Bouchard-Huzard, Paris.

lées quand il sort de la batteuse. Il existe aujourd'hui
un grand nombre de bons tarares : pour bien fonctionner, ces instruments doivent posséder plusieurs
qualités importantes. Il faut, en premier lieu, qu'ils
soient pourvus d'un ventilateur d'un diamètre déterminé et calculé d'après la prise d'air et les dimensions
de l'instrument : en effet, s'il arrive une trop grande
quantité d'air, les grains sont emportés avec la poussière ; s'il n'en vient pas assez, le grain est insuffisam-
ment nettoyé. Il est même convenable, ainsi que cela
a lieu dans quelques tarares, que la prise d'air soit réglée par un volet à coulisse que l'on ferme pour les
graines légères, et que l'on tient ouvert pour les
graines plus lourdes.

Un constructeur belge, M. Labarre, a établi la
prise d'air du ventilateur sur la surface convexe du
tambour, au lieu de la placer sur les côtés de celui-ci,
comme on le fait généralement ; de cette manière la
totalité de l'air qui entre dans l'appareil est chassée sur
le grain à nettoyer, tandis que, dans les tarares ordinaires, une partie est rejetée par les ouvertures d'ad-
mission, ainsi qu'on peut le constater en plaçant la
main devant l'une de celles-ci pendant que l'appareil
fonctionne.

Il est essentiel, en second lieu, que le fond des trémies soit mobile et incliné afin de provoquer le débit

et d'éviter les engorgements ; certains tarares possèdent, dans le fond des trémies, des rouleaux armés
de pointes qui sont mus à l'aide d'une courroie et
préviennent, en tournant, l'engorgement de l'instrument. On doit encore chercher à protéger autant que
possible, par des garnitures, les tourillons et les rouages contre l'invasion de la poussière, qui est plus à redouter ici que pour les autres appareils agricoles.
Enfin, il est bon que la manivelle s'adapte au tarare
par un pas de vis pour éviter que les ouvriers fassent
marcher l'instrument au rebours.

Un des meilleurs modèles de tarares est celui de
Garrett. Établi sur un fort bâti de bois, cet instrument
est pourvu d'une trémie à fond mobile, d'un cylindre
de dégorgement, de deux volets destinés à régler la
prise d'air et d'un système de grilles et de tôles per-
cées, appropriées aux graines de diverses grosseurs.
Ce tarare possède, on le voit, les principales dispositions à rechercher dans les appareils de cette nature.
Nous aurions encore à citer de nombreux tarares aussi
perfectionnés que celui de Garrett ; mais n'ayant d'autre but ici que de faire connaître les qualités essentielles des principaux appareils agricoles, nous n'avons
pas cru devoir présenter de nouvelles descriptions de
ces sortes d'instruments.

XII. — TRIEURS.

Le blé bien nettoyé et de belle qualité obtient toujours, comme on le sait, sur les marchés, une plus-
value notable ; d'un autre côté, personne n'ignore
que, pour assurer la réussite des récoltes, on doit pur-
ger les semences de toutes autres graines étrangères.
Il est donc de la plus haute importance de bien trier
les blés, ainsi que les autres grains. Un certain nombre d'appareils, fort bien conçus, permettent aujour-
d'hui d'exécuter cette opération ; nous en citerons
deux exemples, le trieur Vachon et le trieur Marot.

Le principe du trieur Vachon consistait à l'origine
en une toile métallique percée de trous et fixée sur
une seconde feuille de métal qui fermait les trous pratiqués dans la première. Les cavités ainsi formées sont
telles qu'un grain de blé bien conformé ne peut
s'y loger, en raison de la position de son centre de
gravité, tandis que les petits grains de blé et les
mauvaises graines, de forme arrondie, s'y arrêtent facilement. En donnant à la toile métallique
une faible inclinaison, et en versant sur cette surface une certaine quantité de blé que l'on fait descendre peu à peu, en imprimant au système un mouvement de va-et-vient, le bon grain roule jusqu'au
bas du plan incliné, tandis que les mauvaises graines

s'arrêtent dans les alvéoles pratiquées dans la toile métallique. Le principe est resté le même, mais la forme du trieur a été plusieurs fois modifiée par M. Vachon lui-même et plus tard par des fabricants de machines ; elle est aujourd'hui cylindrique.

Le trieur Marot est un des plus anciens appareils de cette nature ; il a successivement reçu de nombreux perfectionnements et, à l'exposition universelle de 1867, il remportait la première récompense sur tous les trieurs exposés, français et étrangers. Il se compose d'un cylindre horizontal tournant, divisé en trois parties, dans l'intérieur duquel se trouve un chenal muni d'une hélice se mouvant en sens inverse. Le grain à nettoyer tombe, lorsqu'on fait fonctionner l'appareil, d'une trémie dans la première partie du cylindre dont les alvéoles ne peuvent arrêter que le bon froment et ce qui lui est identique ou inférieur en longueur ; de là le grain passe dans l'hélice où il est peu à peu séparé, en suivant la série des compartiments, de toutes les graines étrangères. En définitive, le trieur rejette dans cinq caisses différentes : 1° le blé de semence ; 2° le blé marchand ; 3° le blé court ; 4° l'orge, l'avoine, les gousses et aiguilles ; 5° les graines rondes et les graviers. Le modèle du trieur destiné à l'agriculture mesure 2 mètres 80 de longueur sur 60 centimètres de largeur ; il permet de

nettoyer un hectolitre et demi à 2 hectolitres de blé
par heure.

XIII. — HACHE-PAILLE.

La bonne préparation de la nourriture est aujour-
d'hui reconnue comme étant une condition indispensable de son efficacité. Les agriculteurs savent que,
pour tirer tout le parti possible des rations alimentaires qu'ils donnent aux animaux, il faut que celles-
ci leur soient présentées sous leur forme la plus facilement assimilable. On a ainsi reconnu que les
fourrages sont mieux utilisés lorsqu'on les distribue
après avoir été préalablement divisés. Hacher la paille,
par exemple, c'est commencer le travail de broyage
que les animaux doivent faire avec leurs dents; c'est la
rendre plus assimilable, c'est enfin en permettre et
faciliter le mélange avec les farineux, les racines, etc.

Les instruments destinés à exécuter ce travail sont
aujourd'hui d'une fabrication courante chez la plupart
des constructeurs de machines agricoles ; ils ont recu
le nom de hache-paille. Ils se composent d'une boîte
en bois allongée dans laquelle on met la paille, et qui
est terminée par deux cylindres cannelés entre lesquels celle-ci est engagée. En avant des cylindres et
perpendiculairement à leur plan, se meut un volant

portant, sur les bras qui forment ses rayons, un ou plusieurs couteaux à tranchant convexe. Le volant, en tournant, fait passer les couteaux devant la paille qui est elle-même entraînée par les cylindres et se trouve coupée sur toute la longueur dont elle déborde devant l'embouchure de l'instrument.

On fabriquait autrefois et on rencontre encore dans les expositions deux autres systèmes de hache-paille. — Le premier, appelé système à guillotine, consistait en un couteau unique guidé par des rainures verticales, et pouvant recevoir, à l'aide d'une manivelle, un mouvement rectiligne alternatif par l'intermédiaire d'une bielle et d'un arbre coudé. — Dans la seconde disposition, dite système à tambour, plusieurs couteaux étaient placés, suivant des hélices allongées, à la surface d'un tambour animé d'un mouvement de rotation continu. Ces deux systèmes sont moins en faveur aujourd'hui auprès des agriculteurs. On reproche, effectivement, au premier d'entre eux de ne pas donner un travail en rapport avec la force motrice qu'il nécessite, et au second, c'est-à-dire au système à tambour, d'être difficile à affûter et de fonctionner d'une façon peu satisfaisante, lorsque les couteaux sont mal aiguisés.

Suivant leurs dimensions, les hache-paille sont mus

par une manivelle, par des manéges, par des moteurs
à vapeur ou à eau.

Sur les petites et les moyennes exploitations, le hache-paille à bras suffit largement pour le travail qu'on
doit lui demander.

XIV. — COUPE-RACINES ET DÉPULPEURS.

Depuis un certain nombre d'années, l'emploi des
racines pour l'alimentation des animaux domestiques,
pendant l'hiver, a pris une grande extension. « Les
matières alimentaires fournies par les racines cultivées, dit M. Sanson, dans son *Hygiène des animaux
domestiques*, sont une conquête relativement récente
de l'hygiène. Elles ont rempli le principal rôle dans
les progrès réalisés en économie du bétail. C'est à elle
qu'est dû en particulier le développement de l'aptitude
à produire une plus grande quantité de viande chez
les races bovines. En fournissant, durant la saison
d'hiver, des aliments frais en abondance, au lieu de la
disette relative que les jeunes animaux étaient obligés
de subir, faute de provisions suffisantes empruntées
aux prairies permanentes, dont l'étendue est nécessairement limitée par la répartition de l'eau à la surface
du sol, les racines charnues riches en principes sucrés
et en phosphates, eu égard à leur forte proportion

d'eau, qui est d'environ 80 pour 100, contribuent beaucoup à favoriser la précocité. »

Les racines propres à la nourriture du bétail sont nombreuses et bien connues de tout le monde ; ce sont : la carotte, le navet, le turneps, les tubercules de pommes de terre et de topinambours. Il est important, pour le cultivateur, de posséder pendant l'hiver une certaine quantité de ces différentes plantes pour l'alimentation du bétail. Quelques-unes doivent être données cuites, mais la plupart sont distribuées crues. Quel que soit l'état sous lequel on les fait consommer par les animaux, elles doivent être coupées en tranches assez minces, afin d'en rendre la mastication et la déglutition plus faciles.

Pour cette opération on se sert des instruments connus sous le nom de coupe-racines. Comme pour les instruments précédents, il existe aujourd'hui un grand nombre de modèles du même genre construits par les mécaniciens anglais ou français. Presque tous reposent sur le même principe : ils se composent d'une trémie fixe et d'un disque mobile armé de couteaux. Selon la disposition des supports des couteaux en forme de disque, de cylindre ou de cône, on les divise en deux classes différentes. L'un et l'autre de ces deux systèmes fonctionne d'une façon également satisfaisante ; toutefois, les agriculteurs reprochent aux

coupe-racines à disque de faire des tranches larges et
minces, qui sont saisies moins facilement dans les crè-
ches par les animaux. Il existe encore un troisième
modèle de coupe-racines spécial pour les moutons.
Cet instrument, semblable pour l'ensemble de sa construction aux coupe-racines à cylindre horizontal, en
diffère par la disposition du tranchant de son couteau.
Ce dernier, au lieu de présenter un tranchant à ligne
continue porte, au contraire, des lames échancrées en
forme d'emporte-pièce qui coupent les racines en petits
parallélipipèdes au lieu de les diviser en lanières ou
en tranches. Dans ces derniers temps, certains constructeurs ont réuni les deux espèces de lame sur le
même appareil ; pour cela, ils disposent les deux lames
différentes dos à dos sur un porte-lame unique, de
telle sorte qu'il suffit de tourner celui-ci dans un sens
ou dans l'autre pour faire fonctionner l'un ou l'autre
des deux tranchants. Tel est le coupe-racine Gardener
fabriqué par Samuelson, l'un des constructeurs anglais
les plus connus.

Ainsi que les hache-paille, les coupe-racines peuvent être mus à bras, par manége ou par toute autre
force motrice.

Lorsqu'on veut donner au bétail des racines mélan-
gées avec des pailles, des fourrages hachés, ou avec
des balles de blé, il est souvent préférable d'avoir

10

recours aux dépulpeurs qui divisent les racines en morceaux très menus et assurent un mélange parfait avec les autres substances.

Ces derniers instruments diffèrent peu des précédents. Au lieu d'être pourvus de couteaux pleins ou échancrés, ils portent de petites lames triangulaires alignées sur un tambour cylindrique suivant les génératrices et suivant des courbes héliçoïdales parallèles entre elles. (Dépulpeur Bentall.) Ces petites lames en acier entourent les racines ou les tubercules, lorsque l'instrument est en mouvement, et les divisent en parcelles très minces. Selon les divers modèles et leurs dimensions on peut obtenir de deux hectolitres et demi à quatre hectolitres et demi de pulpe par heure.

Quant aux grains qui servent à la nourriture des animaux domestiques, ils doivent être concassés ; dans cet état, ils sont plus nutritifs et leur emploi est plus économique. Le concassage est opéré généralement par des cylindres cannelés entre lesquels on fait passer les grains. Mûs à bras, les concasseurs peuvent écraser 100 litres par heure ; s'ils sont actionnés par un manége ou une machine à vapeur, leur débit peut devenir beaucoup plus considérable.

XV. — ÉGRENOIRS A MAÏS.

Un agriculteur, qui réunirait dans son exploitation

tous les appareils agricoles dont nous venons de
donner la description, possèderait une collectien
d'instruments d'intérieur et d'extérieur de ferme à
peu près complète. Cependant, il nous reste encore
à signaler, pour les cultivateurs du Midi, un dernier
instrument d'une utilité incontestable ; c'est l'égrenoir
à maïs.

Cet instrument existe depuis longtemps ; mais pendant
ces dernières années les constructeurs de machines
agricoles lui ont apporté d'importants perfectionnements. Les épis devaient autrefois être mis un par un
dans l'intérieur de l'égrenoir ; il était impossible à deux
personnes, vu la lenteur de cette opération, d'égrener
plus de deux hectolitres de maïs à l'heure. L'égrenoir
à maïs se compose actuellement d'une sorte de trémie
où l'on verse les épis à la pelle, d'un cylindre en fonte
dont l'intérieur porte des saillies héliçoïdales et d'un
arbre central muni de palettes qui reçoit un grand
mouvement de rotation par l'intermédiaire d'une manivelle et de rouages. Il suffit du concours de deux
personnes pour égrener ainsi de 4 à 5 hectolitres de
maïs par heure. Un mécanicien d'Orthez (Basses–Pyrénées), M. Mailhe, construit un égrenoir, établi d'après
ce principe, qui, mû par le manége d'une machine à
battre, fait un travail considérable.

XVI. — Conclusion.

Les développements donnés ici à l'étude des différentes machines dont l'application est récente sur les exploitations agricoles ne doivent pas paraître exagérés ; *notre expérience et celle d'un grand nombre d'agriculteurs* ont démontré l'exactitude de nos calculs. Il est très vrai que, dans quelques circonstances, certaines machines exécutent un travail moins parfait que celui de la main-d'œuvre ; mais il n'est pas moins incontestable que leur emploi intelligent peut constituer des économies considérables, en même temps qu'il amène le perfectionnement des méthodes de culture. Les machines agricoles se complètent, nous l'avons déjà dit, les unes par les autres, et lorsque l'on en fait un usage régulier, ainsi que cela se pratique sur certaines fermes anglaises, l'économie devient encore plus sensible.

Prenons un exemple et supposons une culture de blé. Les labours à plat avec la charrue Dombasle ou ses similaires facilitent l'emploi des semoirs, qui économisent les semences de moitié ; les semailles en lignes assurent un nettoyage facile avec la houe Garrett et permettent de faire avec avantage la moisson à la machine. Enfin, si l'on possède une machine à battre, on peut à volonté battre immédiatement ou rentrer les récoltes pour battre dans les granges, ainsi que cela se pratique sur certaines exploitations du Nord de la France, pendant l'hiver, et au moment où les travaux à exécuter sont moins pressés. Il en est de même de toutes les autres opérations agricoles.

CHAPITRE III.

DU DRAINAGE.

On sait quel est le but du drainage. On cherche à débarrasser par cette opération la terre arable de l'eau surabondante qu'elle retient dans certaines conditions, eau qui nuit au développement des plantes cultivées, et quelquefois même parvient à arrêter complétement leur végétation.

La nécessité d'enlever au sol l'excès d'humidité qu'il renferme dans certains cas a été reconnue de tout temps par les agriculteurs ; c'est pour y arriver qu'autrefois on creusait autour des champs formés de terres froides et argileuses, des fossés d'assainissement et d'écoulement. Mais ce moyen était insuffisant et ne produisait de bons résultats que pour les champs d'une faible étendue. Dans les terres humides, on était obligé de multiplier ces fossés et de perdre ainsi une grande surface rendue improductive. Peu à peu, on apprit à mettre au fond de ces fossés des lits de

pierres, des fascines, etc., et à les recouvrir de terre.
On obtenait ainsi les bons avantages des fossés d'écoulement, sans avoir à en craindre les inconvénients.

C'est en Angleterre, où les terres humides se rencontrent fréquemment, que prit naissance l'opération
du drainage telle qu'elle se pratique aujourd'hui.
Les bons effets qu'on en obtint furent rapidement
connus, et cette pratique s'est répandue au loin. Il y a
maintenant vingt-cinq ans que l'on a commencé à
drainer en France; des milliers d'hectares ont été
transformés en terres productives et leur valeur s'est
accrue dans des proportions inespérées.

Nous ne pouvons du reste mieux faire comprendre
les avantages du drainage qu'en analysant ce qu'en
dit M. Hervé-Mangon, un des premiers promoteurs
de cette utile pratique en France.

Le rapide écoulement des eaux de pluie à travers le
sol, dit-il, et l'abaissement des eaux stagnantes,
quelle qu'en soit l'origine, à une profondeur suffisante
pour ne pas nuire au développement des racines, tels
sont les résultats directs et immédiats d'un drainage
bien fait. De ces deux premiers effets résultent, pour
les terres auxquelles le drainage peut s'appliquer
avantageusement, une moindre évaporation à la surface du sol, un accroissement notable de sa chaleur,
une modification profonde dans la constitution de la

couche arable qui a moins de tendance à se fendre, et conserve plus de fraîcheur pendant l'été. La fertilité s'augmente, dès lors, d'une manière notable, par l'introduction dans la terre des gaz et des substances les plus nécessaires au développement de toutes les récoltes. Le drainage est, en effet, la meilleure manière de faire circuler dans le sol arable l'air indispensable aux racines pour que la végétation s'accomplisse dans ses conditions normales. L'époque de la maturité des récoltes est ainsi notablement avancée par l'accroissement de chaleur, que le sol trouve dans cette opération ; ce dernier effet a été constaté de la manière la plus positive par les observations les plus précises. On pourrait enfin citer encore les avantages qui résultent pour la santé publique, de la disparition des brouillards et des miasmes méphitiques qui s'exhalent toujours des terres trop humides.

Les explications succinctes qui viennent d'être données suffisent pour faire comprendre quels sont les sols auxquels le drainage convient plus particulièrement. On se tromperait gravement si l'on supposait que toutes les terres se trouvent bien de cette opération : le drainage a pour but de faire disparaître un défaut; quand ce défaut n'existe pas, le drainage devient inutile.

Les caractères des terres qu'il convient de drainer

ont aussi été parfaitement exposés par M. Hervé-
Mangon. Ce sont les terres froides et fortes, argileuses, et en général les terrains imperméables ou ceux
qui reposent sur un sous-sol imperméable. Sans
parler des terrains tourbeux ou marécageux, pour
lesquels il ne peut y avoir de doute, les terrains qui
ont le plus besoin d'être drainés, présentent les caractères suivants, plus ou moins développés, seuls
ou réunis, mais toujours assez faciles à reconnaître.
Ils sont couverts de flaques d'eau plusieurs jours
après la pluie ; les trous que l'on y creuse, même après
une longue sécheresse, présentent des suintements
d'eau ; au printemps surtout, on y remarque des parties d'une teinte plus foncée que l'ensemble de la
pièce ; le matin, on y observe souvent des vapeurs
plus ou moins abondantes. La végétation est, dans
ces terrains, languissante et peu hâtive ; les tiges des
plantes jaunissent, en commençant par les parties
inférieures, longtemps avant la maturité ; après quelques mois de jachère, le sol se recouvre plus ou
moins complétement d'une espèce de mousse ; enfin
les joncs, les prêles, les renoncules, les colchiques
s'y rencontrent abondamment. Ces caractères, faciles
à apercevoir lorsqu'ils sont très développés, n'échap-
pent jamais aux cultivateurs, même lorsque leur intensité est peu prononcée.

Le drainage n'est d'aucune utilité pour les sols qui se dessèchent rapidement, qui reposent sur un sous-sol perméable, sablonneux ou calcaire, ni pour ceux qu'une pente assez rapide préserve en partie des effets nuisibles de leur nature argileuse ; il peut même dans ces différents cas devenir une opération nuisible. On comprend que quand un sol n'a pas d'eau en excès, permettre à la faible quantité qu'il contient de s'écouler rapidement, c'est enlever à la végétation un de ses éléments les plus indispensables, et exposer les plantes qu'on cultive aux effets désastreux de la sécheresse.

Il serait trop long d'entrer ici dans des explications détaillées sur l'art du draineur : c'est là une science spéciale. Nous allons seulement dire en quoi consiste cette opération.

Pour assainir un champ , on ouvre dans le sol une série de tranchées parallèles très étroites , atteignant une profondeur de 1^m à 1^m 50 ; on place bout à bout, au fond de ces tranchées, des tuyaux en terre cuite, et l'on recomble les tranchées avec la terre qui en a été extraite. Ces tranchées vont aboutir à une autre tranchée transversale placée au point le plus bas de leur parcours et renfermant des tuyaux d'un plus grand diamètre ou simplement laissés à ciel ouvert. L'eau qui imprègne le sol, arrive par infiltration jusqu'aux tuyaux, elle s'y introduit à travers les joints des extrémités, et s'écoule entraînée par la pente jusqu'au fossé collecteur. La question principale, lorsqu'on veut faire un bon drainage, est de bien étudier la direction des pentes, la profondeur de la couche arable et la nature du sous-sol, tout en tenant compte de la direction des fossés d'écoulement déjà existants dont on peut disposer.

Nous ne nous appesantirons pas davantage sur cette question ; la pratique et l'expérience doivent surtout ici servir de guide. Quant à l'exécution pratique du drainage, le mieux est de la confier à un homme spécial ayant l'habitude des nivellements et de ces sortes de travaux ; il opèrera plus vite et avec une plus grande précision. Nous croyons cependant utile de terminer par quelques observations déjà faites depuis longtemps mais qu'on ne saurait trop répéter dans l'intérêt des agriculteurs.

Le climat et la nature du sol exercent une grande influence sur les résultats d'une opération de drainage. Certains sols se fendillent facilement, comme on le sait, acquièrent une porosité artificielle, par suite de l'action des instruments aratoires qui peut suppléer à la porosité naturelle. Le fendillement est d'autant plus prononcé et s'étend d'autant plus loin

que la température est plus élevée et le temps plus
sec ; les effets produits par les chaleurs de l'été sur
un sol drainé seront donc, d'après ce principe, beaucoup plus sensibles dans le Midi que dans le Nord.
Les argiles mêlées de cailloux sont de tous les sols
ceux sur lesquels le drainage a le moins d'efficacité ;
dans cette nature de terres, il doit donc toujours être accompagné d'un défoncement profond.
Enfin, avec des terres bien drainées, on peut
abandonner le labour en billons pour adopter le
labour à plat ; ce dernier avantage devrait souvent
suffire pour engager les cultivateurs à faire des travaux de drainage.

Il est encore une observation qui mérite d'être
citée. Certains sols sont tellement modifiés par le
drainage qu'ils acquièrent une porosité bien supérieure
à celle que l'on attendait. Ce fait peut produire de
graves inconvénients. Il est donc prudent, quand on
a des doutes à cet égard, de donner aux premiers
drains un écartement double de celui qu'on croit convenable ; si l'on trouve, au bout d'un an ou de deux,
que l'assainissement du sol n'est pas suffisant, on
complète le travail en intercalant de nouveaux drains
dans les intervalles des premières lignes. Sans avoir
augmenté la dépense, on court la chance de la réduire dans de notables proportions, dans le cas où le

terrain aurait été suffisamment assaini par le premier travail. D'une manière générale, l'art du drainage n'est bien appliqué, dans ces diverses circonstances, que si l'on adopte des dispositions conformes aux lois de la pesanteur, pour la distribution des tuyaux et des rigoles d'écoulement.

CHAPITRE IV.

—

DES IRRIGATIONS.

Après avoir rapidement passé en revue les règles adoptées par la bonne pratique agricole pour débarrasser les terres des eaux surabondantes, il convient de faire le même travail pour le cas où l'eau est, au contraire, insuffisante pour faciliter l'action de la végétation. Ce cas est malheureusement très fréquent dans le Midi. Des irrigations, pratiquées d'une manière générale et avec méthode, transformeraient l'agriculture méridionale et augmenteraient, dans des proportions incroyables, le nombre et la valeur de ses produits. L'exemple de ce qui s'est passé en Lombardie depuis que les irrigations y ont pris un si grand développement suffit pour le démontrer. « Se procurer de l'eau à volonté, pouvant arriver à la surface ou près de la surface du terrain, dit quelque part le comte de Gasparin, c'est se rendre indépendant des défauts et

des caprices du climat, d'une situation habituellement
trop sèche, comme d'une saison qui l'est accidentel-
lement. »

Les rivières et les fleuves sont de puissants agents
de fertilisation dont on ne connaît pas encore le prix ;
en dehors même de l'eau que nous pourrions leur
emprunter pour les besoins agricoles, ils restitue-
raient aux champs des quantités considérables de
matières fertilisantes. Des calculs pleins d'intérêt ont
été faits sur cet important sujet, et on ne se rend pas
suffisamment compte des résultats auxquels ils ont
conduit. « Les limons que les fleuves transportent à
la mer, dit M. Hervé Mangon, sont enlevés aux terres
en culture ou bien aux surfaces dénudées du territoire.
Dans le premier cas, l'agriculteur, en ne les arrêtant
pas, abandonne une partie de son capital le plus précieux, laisse échapper une partie de son domaine;
dans le second cas, il réalise un manque à gagner,
il renonce à une conquête que la nature met si géné-
reusement à sa disposition.

« La Durance transporte chaque année 11 millions
de mètres cubes de limon, contenant autant d'azote
assimilable que 100,000 tonnes d'excellent guano,
autant de carbone que pourrait en fournir par an
une forêt de 49,000 hectares d'étendue. La Durance
est de toutes nos rivières celle dont les eaux sont le

mieux utilisées, et cependant l'agriculture profite seulement d'un dixième de ses limons.

« Le poids des limons charriés par le Var, pendant une année, formerait un volume de 12,222,000 mètres cubes, qui suffirait à colmater plus de 6,000 hectares sur une épaisseur de 20 centimètres.

« Un petit canal de dérivation d'eau du Var portant seulement 1 mètre cube d'eau par seconde, et convenablement tracé, pourrait colmater par an sur une épaisseur moyenne de 50 à 60 centimètres une dizaine d'hectares de terrains stériles, et créer par conséquent chaque année une valeur de 30,000 à 40,000 fr. Le Var entraîne à la mer chaque année 22,000 à 23,000 tonnes d'azote.

« La Seine, à Paris, entraîne sous nos yeux, chaque année, et sans qu'on le remarque, pour ainsi dire, 2,117,984 tonnes de matières solides, poids à peu près égal à celui de la totalité des marchandises transportées sur le fleuve à Paris. »

Des calculs analogues pourraient être faits pour tous nos fleuves. On comprend dès lors, sans toutefois que l'on puisse arriver à des chiffres absolument précis, quelle énorme quantité de matières fertilisantes est perdue pour l'agriculture par la négligence apportée à la pratique des irrigations. Les fleuves, on

11

ne saurait trop le répéter, sont une mine encore in-
explorée de richesses.

Les irrigations ont un double effet : procurer à la
terre l'eau nécessaire à la végétation, et l'enrichir
des principes fertilisants tenus en suspension dans
l'eau. Nos régions méridionales possèdent en abondance la lumière et le soleil ; c'est l'eau qui leur manque. La leur donner en abondance, c'est compléter
l'œuvre de la nature et s'assurer des produits extrêmement rémunérateurs.

L'eau destinée aux irrigations peut provenir d'origines diverses. On l'obtient par la dérivation des
rivières passant à un niveau supérieur à celui des
champs, par l'établissement de réservoirs qui conservent les eaux des petits ruisseaux, celles des sources,
ou bien encore en recueillant les eaux pluviales qui
tombent sur une vaste surface de terrain ; par des
forages qui donnent issue aux eaux souterraines.
Lorsque la source où l'on veut puiser l'eau est à un
niveau inférieur à celui du champ à irriguer, on emploie une force mécanique pour l'élever à la hauteur
nécessaire. Quant à la quantité d'eau à employer
pour les irrigations, il est impossible de fixer une
règle absolue à cet égard ; elle varie selon le climat,
la saison, la nature du sol, son degré habituel d'humi-

dité et la nature des plantes cultivées; elle dépend
enfin des procédés suivis pour la distribution de l'eau,
ainsi que de la pente du terrain. Nous n'avons pas
l'intention de faire ici une description détaillée de la
marche à suivre pour créer et maintenir un système
d'irrigation. Ce que nous voulons établir, c'est que,
dans la plupart des cas, on peut irriguer un champ ou
une prairie par l'un des procédés recommandés par la
science.

Les procédés les plus pratiques pour les irrigations
sont les suivants : 1° irrigation par submersion; 2° irrigation par rases ou en forme d'épi; 3° irrigation par
planches en ados.

Dans l'irrigation par submersion, on couvre le sol
d'une couche plus ou moins épaisse d'eau qui, après
un séjour d'une certaine durée, va irriguer, le plus
souvent, un autre terrain placé en aval du premier.
Ce procédé n'est applicable que dans les cas où le
terrain peut être partagé en un certain nombre de
lots à peu près horizontaux.

L'irrigation en forme d'épi consiste à construire de
grandes rigoles de distribution d'eau d'où partent des
rigoles secondaires en forme d'épi de blé. Il faut, avec
cette méthode, que la pente du terrain soit assez
sensible, sans toutefois être considérable sur aucune
des parties du sol. Ce système est surtout avanta-

geux lorsque le sol présente une série de contre-forts
et de petites vallées.

Le système d'irrigation par planches en ados est applicable aux terrains presque plats. On dispose, dans
ce but, le sol en planches suivant la pente du terrain
et on creuse des rigoles de distribution sur la partie
supérieure des planches. Ces rigoles sont destinées à
recevoir et à dégorger les eaux uniformément sur les
deux ailes des planches et de là dans de nouvelles
rigoles d'égouttement établies au fond des sillons. Ce
système a l'avantage de distribuer les eaux avec une
grande régularité. Dans les terrains qui présentent
une pente assez accentuée, on le modifie en ne se
servant que de demi-planches tracées dans le sens
horizontal, c'est-à-dire perpendiculairement à la pente
du terrain.

La qualité des eaux est une condition indispensable
pour le succès des irrigations; toutes les eaux, en
effet, ne conviennent pas également pour cette opération. On sait, depuis longtemps, que des eaux ayant traversé des bois, et chargées par suite de tannin, exercent une très mauvaise influence sur la végétation; il
en est de même de certaines eaux dans lesquelles on
décharge des résidus d'usines. La température de l'eau
d'arrosage a encore une influence notable sur la végé-

tation; on ne doit pas irriguer avec des eaux trop fraîches.

M. Hervé-Mangon a résumé comme il suit les renseignements que la végétation aquatique peut fournir sur la qualité des eaux d'irrigation. Les eaux où végètent en abondance le cresson de fontaine, les renoncules, les véroniques, peuvent être considérées comme très bonnes ; les roseaux, les joncs, les menthes, les ciguës indiquent des eaux moins bonnes ; celles enfin où l'on ne rencontre que des mousses et des carex peuvent être considérées comme mauvaises.

Un dernier point sur lequel il importe d'appeler l'attention, c'est l'importance de pouvoir se débarrasser des eaux après les irrigations. Ce point est capital, car une eau qui séjournerait trop longtemps sur le sol pourrait souvent produire de très mauvais résultats. Il est donc indispensable, avant d'entreprendre des travaux d'irrigation, de s'assurer de l'écoulement ultérieur des eaux.

L'établissement d'un système d'irrigation, de même que le drainage, ne peut être avantageux qu'autant que le produit supplémentaire des récoltes obtenues de cette manière pourra payer, selon les calculs de prévision, une somme supérieure à l'intérêt des capitaux engagés dans cette opération ; car l'opération doit couvrir les frais d'entretien, l'amortissement des dépenses et donner, en outre, un bénéfice réel. Cette règle est d'ailleurs générale; nous l'avons appliquée à l'emploi des instruments et des machines perfectionnées; elle ressortira également de la suite de ces études.

TROISIÈME PARTIE

SPÉCULATIONS ANIMALES

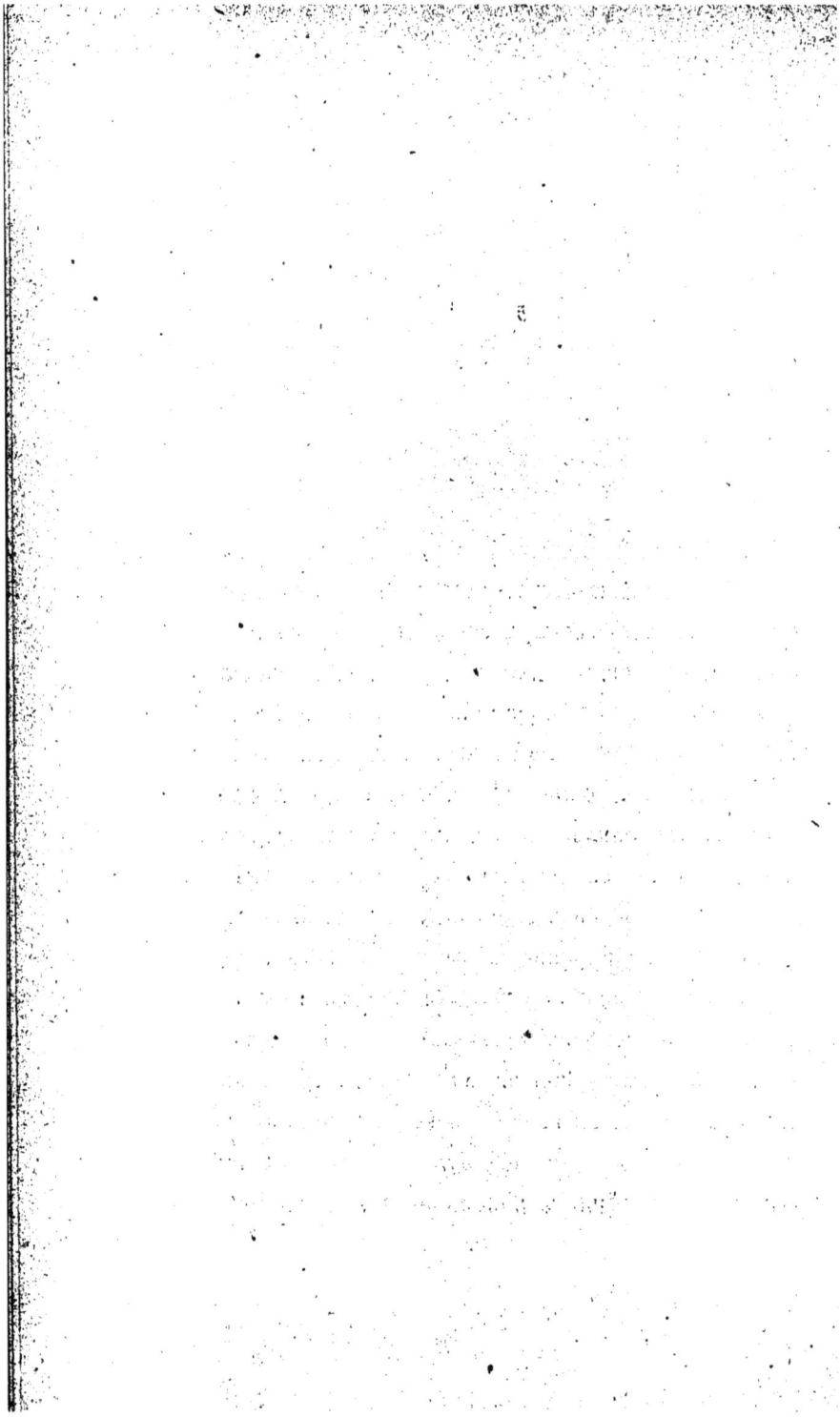

CHAPITRE 1er.

L'agriculture moderne doit posséder un nombreux bétail. Les animaux domestiques donnent, en effet, sans compter leur travail, deux produits dont aujourd'hui la valeur va sans cesse en augmentant : la viande et le fumier. L'agriculteur qui crée beaucoup de viande est assuré de la vendre avantageusement ; celui qui peut disposer d'une grande quantité de fumier voit s'accroître dans une proportion accélérée les récoltes de sa ferme. Dans une exploitation agricole, les frais de culture sont indépendants du produit : on est obligé de faire autant de dépenses de labour, de hersage, de semences, etc., pour récolter douze hectolitres de blé sur un hectare que pour en récolter vingt ou vingt-cinq. Mais si l'on répand 30,000 kilogrammes de fumier sur un hectare, au lieu d'en mettre 8,000 à 10,000 kilogrammes, on doublera et on triplera les récoltes, et du même coup on en diminuera dans une

grande proportion le prix de revient. Cette assertion
peut paraître paradoxale à première vue, mais elle est
confirmée depuis longtemps, non par des circonstances
isolées, mais par un ensemble de faits constatés partout.
Autrefois on considérait le bétail comme un mal nécessaire ; aujourd'hui on voit en lui la base de la richesse agricole.

Ce n'est pas à dire que l'élevage du bétail doive
partout prendre le pas sur les autres produits du sol.
Si les spéculations animales sont avantageuses, elles
ne peuvent pas présenter partout les mêmes caractères.
Le climat, la nature du sol agissent pour les animaux
comme pour les végétaux, d'une manière constante,
sur les produits qu'on peut en obtenir ; dans les conditions ordinaires, et toutes choses égales d'ailleurs,
il pourrait être désavantageux, dans les environs des
grandes villes, de nourrir autant d'animaux qu'on peut
le faire sur les points où les produits fourragers n'ont
pas de débouchés faciles et certainement rémunérateurs. Mais, tout en tenant compte de ces conditions
diverses, on peut affirmer hautement que le bétail
doit être considéré comme la base de l'agriculture
progressive, et que les agriculteurs ont toujours avantage à donner à cet élément de richesse la plus grande
extension.

Ce point de départ une fois établi, il faut chercher

quel est le genre de spéculation le plus avantageux,
au point de vue du bétail, pour des conditions déterminées. Dans le nord de la France, les produits des
cultures industrielles permettent aux agriculteurs de
se livrer d'une façon fructueuse à l'engraissement à
l'étable ; en Normandie et dans plusieurs parties du
centre, de nombreuses prairies d'embouche leur donnent les moyens d'entreprendre la même opération
avec profit dans des conditions différentes. Toute autre
est la situation des cultivateurs dans le midi de la
France.

Là, les prairies, d'ailleurs peu abondantes, donnent
des produits extrêmement variables, et les printemps
secs, s'y succédant fréquemment, compromettent d'une
manière désastreuse la production fourragère. L'agriculteur est alors forcé, sous peine de voir péricliter une
étable lentement formée, d'avoir recours aux irrigations, s'il a de l'eau à sa disposition, ou de donner
dans son exploitation une large part aux récoltes dé-
robées. Avec le soleil des pays méridionaux, ces cultures permettent de retirer, pendant l'été, d'abondants
fourrages. Mais cette ressource est elle-même souvent
très restreinte ; la meilleure solution du problème
consiste donc à donner la plus grande extension possible aux prairies artificielles telles que les luzernes et
les sainfoins dont les longues racines vont chercher

dans les profondeurs du sol la fraîcheur et les éléments
nécessaires à une végétation active.

Quoi qu'il en soit, nous allons successivement passer
en revue les conditions d'amélioration des principales
espèces d'animaux domestiques, en nous arrêtant
surtout aux espèces bovine, ovine et porcine, qui font
la base de la population des exploitations agricoles.
Nous laisserons de côté la production des races che-
valines, dont l'élevage, soutenu et dirigé par l'administration des haras, demande des conditions spéciales.

L'une des premières préoccupations d'un chef d'exploitation, au début de son entreprise, consiste à savoir
s'il doit se livrer de préférence à l'élevage du mouton,
du bœuf ou du porc, et si, après avoir résolu ce problème, il doit faire naître chez lui les animaux, les
élever adultes, ou bien chercher à les engraisser. Il
lui suffira, pour résoudre cette question, d'établir
le prix de revient des animaux domestiques. En dé-
terminant, d'une manière rigoureuse, à quel moment de
leur existence les animaux fournissent le kilogramme
de viande au plus bas prix, il aura, par là-même,
indiqué les espèces dont l'élevage est le plus lucratif,
étant données, bien entendu, des conditions également
favorables pour chacune d'elles.

Nous nous sommes livré à des recherches précises
sur ce sujet; les résultats auxquels elles nous ont

conduit ne sont pas absolus, car ils dépendent de
conditions particulières qui peuvent varier à chaque
instant pour chacune des espèces. Néanmoins ils peuvent servir, d'une manière générale, de modèles pour
des calculs du même genre. Aussi, avons-nous jugé
utile de faire connaître dans ses détails la marche que
nous avons adoptée.

Voici la marche suivie pour l'espèce bovine :

On a constaté, à la suite d'observations faites avec
le plus grand soin, que le chiffre de 1 kilog. 300 grammes représentait l'accroissement journalier d'un jeune
veau pendant le premier mois de son existence, et que
celui de 306 grammes représentait son accroissement
pendant le reste du temps. La dépense en fourrage a
été décomposée, ainsi que cela se pratique habituellement, en ration d'entretien estimée à 1 kilog. 660
ou son équivalent pour 100 du poids vivant de l'animal,
et en ration de production évaluée à 12 kilog. de foin
ou son équivalent par kilogramme de viande produite.
Ainsi que le conseillaient Mathieu de Dombasle et le
comte de Gasparin, les dépenses en litière ont été
portées à 1 cinquième du poids des fourrages consommés, les pertes à 5 pour 100 des dépenses faites
(les accidents ou pertes pouvant survenir à la fin d'une
année aussi bien qu'au commencement, on a pris la

moitié du chiffre représentant cette dépense, afin d'avoir un terme moyen). Les intérêts de la somme engagée et les frais généraux ont été également évalués, chacun d'eux à 5 pour 100 des dépenses faites, le logement à 6.60 de la valeur partielle du capital affecté au bâtiment qu'occupe l'animal, les soins à $1/_{25}$ de la rétribution du bouvier et proportionnellement à la durée de ces soins (un homme peut soigner 25 veaux dans une journée). La différence entre la valeur du fumier et ces différentes dépenses a enfin été établie et il en reste, une fois tous les calculs effectués, une somme qui, divisée elle-même par le poids de l'animal, a donné le prix de revient de chaque kilogramme de viande produite.

Le même procédé a été suivi pour déterminer le prix de revient des animaux appartenant à l'espèce ovine. Seulement la ration d'entretien a été calculée à raison de 4 kilog. 20 de foin pour 100 du poids de l'animal vivant, et la ration de production à raison de 5 kilog. 80 par kilogramme de viande produite.

Voici les résultats obtenus par ces comptes ; nous devons, toutefois, faire observer que le principal élément des dépenses faites pour l'élevage des animaux domestiques étant le prix de revient des fourrages et la valeur des fourrages variant constamment avec le prix de revient et le degré de fertilité du sol sur lequel ils ont été récoltés, les chiffres que nous résumons·ici n'ont d'autre importance que comme termes compara- ratifs d'une spéculation par rapport à une autre ; on ne doit donc pas en tirer de conclusions complétement absolues.

1ᵉ Espèce bovine.

D'après les calculs dont on vient de lire la méthode, le kilogramme de viande reviendrait au produc- teur :

A la naissance d'un ·veau.......à   0 74

Depuis la naissance jusqu'à un an .   0 94

De 1 à 2 ans..................   1 08

De 2 à 3 ans..................   1 25

Pour l'engraissement d'un bœuf

durant 3 mois............ .....   0 97

2° Espèce ovine.

Le kilogramme de viande reviendrait pour l'espèce ovine :

A la naissance d'un agneau....à   0 78

Depuis la naissance jusqu'à 1 an..   0 52

De 1 à 2 ans..................   0 81

Pour l'engraissement d'un mouton

durant 2 mois..............   0 73

3° *Espèce porcine.*

Les écarts étant très considérables dans les prix d'achat et de vente des jeunes animaux appartenant à l'espèce porcine, et d'un autre côté leur loi d'accroissement n'étant pas parfaitement déterminée, il est difficile d'établir sur cette espèce des calculs comparatifs qui aient quelque valeur.

En rapprochant et en confrontant les chiffres qui viennent d'être produits sur les espèces bovine et ovine, on peut déterminer le classement des spéculations animales les plus avantageuses. On arrive ainsi à l'ordre suivant, pour des conditions d'élevage et de vente également favorables à l'une et à l'autre espèce :

La première spéculation consisterait à acheter de jeunes agneaux après leur naissance pour les revendre à un an ; dans ce cas, le prix de revient du kilogramme de viande produit étant de 0 fr. 54.

La deuxième spéculation consisterait à engraisser des moutons, le prix de revient étant de 0 fr 73.

La troisième consisterait à faire naître des agneaux, le prix de revient étant de 0 fr. 78.

La quatrième, à élever des moutons jusqu'à deux ans, le prix de revient étant de 0 fr. 81.

La cinquième, à faire naître et à élever de jeunes veaux jusqu'à un an, le prix de revient étant de 0 fr. 94.

La sixième, à engraisser des bœufs maigres, le prix de revient étant de 0 fr. 97.

La septième, à élever des veaux jusqu'à deux ans, le prix de revient du kilogramme de viande étant de 1 fr. 08.

La huitième consisterait à élever des jeunes bouvillons jusqu'à l'âge de trois ans, le prix de revient étant alors de 1 fr. 25 par kilogramme de viande produit. Au-dessus de trois ans, les jeunes bouvillons paient une partie de leur dépense par leur travail, et dès lors leur compte doit être établi d'après des bases différentes.

Il est à remarquer que, d'après les chiffres précités, les deux spéculations les plus avantageuses, pour les espèces bovine et ovine, consistent d'abord à élever les animaux depuis la naissance jusqu'à l'âge d'un an et, en second lieu, à procéder à l'engraissement des animaux maigres. C'est ainsi que, depuis longtemps, l'expérience a appris aux agriculteurs, même les plus ignorants, qu'il est plus avantageux de garder peu de temps leurs animaux et de les revendre après les avoir suffisamment menés à graisse que de les conserver pendant plusieurs années, sous prétexte de profiter de tout le travail qu'ils peuvent donner.

12

CHAPITRE II.

―――

ESPÈCE BOVINE.

Le bétail français a subi, comme l'on sait, pendant ces dernières années d'importantes modifications. Il semble donc intéressant de constater les faits acquis et d'étudier les procédés qui ont servi à les obtenir. Nous allons commencer par l'étude de l'élevage des animaux de l'espèce bovine, qui est le plus important pour toutes les exploitations agricoles. Les produits que donnent ces animaux, sous forme de lait et de viande, entrent pour une forte proportion dans l'alimentation humaine ; leur travail est précieux, et enfin ils fournissent la plus grande quantité de fumier nécessaire pour entretenir la fertilité des terres en culture.

Comme on le voit, le rôle de l'espèce bovine est multiple sur une exploitation ; nous allons l'examiner à ces divers points de vue.

I

Du bœuf de travail et de son amélioration.

Il faut avoir observé le bétail il y a vingt ans et
avoir comparé ce que les animaux étaient alors et ce
qu'ils sont aujourd'hui, pour bien comprendre l'heureuse influence exercée sur l'élevage par les nombreux
concours successivement institués, soit sous le nom
de concours régionaux, soit sous celui de concours de
Sociétés d'agriculture. Le progrès, à la vérité, n'est
pas venu tout d'un coup ; il y a eu des hésitations et
parfois même de fausses directions. A l'origine des
concours, on a exagéré l'importance de certaines races
étrangères ; on a conseillé partout leur importation
pour modifier les types indigènes. Ce fut là une erreur
grave qui a retardé surtout l'amélioration des races
méridionales. Les éleveurs ont appris aujourd'hui à
tenir meilleur compte des conditions physiques, telles
que la nature du sol et le climat, et des conditions
économiques, telles que les débouchés et l'état des
capitaux. Au lieu de lutter contre ces deux grands
éléments, ils ont cherché à utiliser ces forces naturelles, en améliorant d'abord leurs cultures et en second
lieu les produits de leur élevage par une nourriture

rationnelle et une sélection judicieuse. Voyons cependant quels sont les résultats acquis et quels sont les
procédés qui ont servi à les obtenir.

Depuis quelques années, la consommation de la
viande a pris, par suite d'un plus grand bien-être
général, une extension considérable. Les cultivateurs
ont donc été amenés à chercher à produire la viande
en plus grande abondance, et par suite à donner une
plus grande extension aux cultures fourragères et notamment aux prairies artificielles, qui ont remplacé
dans des proportions notables des cultures de céréales
dont le produit n'est pas toujours suffisamment rémunérateur. Cette transformation de la culture indiquait
que la principale destination du bétail avait changé,
et qu'il y avait lieu de chercher à développer chez lui
de nouvelles aptitudes.

C'est là ce que comprirent de bonne heure les éleveurs de certaines contrées qui ont, par des procédés
différents, amélioré leurs races bovines. Dans la
Mayenne, par exemple, on a allié le bœuf Durham à
la race défectueuse du pays, et on a obtenu une sou-
che nouvelle d'animaux aujourd'hui perfectionnés, qui
s'est complétement substituée aux anciennes familles.

Dans le Midi, les agriculteurs ont fait choix d'une
méthode plus lente, mais plus sûre, la méthode dite
de sélection. Ce procédé permettait, en effet, de con-

server aux races méridionales une qualité précieuse, leur aptitude au travail ; il donnait, en outre, aux éleveurs la certitude d'opérer l'amélioration sans avoir à redouter des pertes de temps ou d'argent en tentatives souvent infructueuses ; enfin, il ne les exposait à aucun mécompte au moment de la vente de leurs animaux, qui restaient toujours sur les marchés la denrée locale offerte dans de meilleures conditions aux acheteurs.

On sait en quoi consiste la méthode de sélection. Il existe dans toutes les races des individus s'éloignant du type général et possédant des qualités spéciales ; ainsi il n'est pas sans exemple de rencontrer parmi les vaches garonnaises, quoiqu'elles soient reconnues d'une manière générale comme mauvaises laitières, des animaux donnant du lait en aussi grande abondance que les vaches bretonnes ou même hollandaises. Le choix et l'alliance de reproducteurs présentant les nouvelles aptitudes à imprimer à une race ont dû être par conséquent les premiers pas à faire dans la voie de l'amélioration.

Les matériaux osseux sont, dit-on, trop développés chez le bœuf de travail relativement aux parties molles, et l'animal manque de précocité. Personne n'ignore que le régime et la bonne alimentation sont, de toutes les causes, celles qui influent le plus, surtout pendant

Bœuf Salers (Type de Travail.)

le jeune âge, sur la constitution des animaux. Si donc les jeunes veaux trouvent une plus grande quantité de lait auprès de leurs mères devenues meilleures laitiè-res, et que plus tard, grâce aux plus grandes quantités de fourrages dont on dispose aujourd'hui, cette abon-dante alimentation puisse être encore soutenue, le jeune animal devra acquérir un développement plus rapide et les parties charnues devront en même temps s'accroître dans de plus grandes proportions que les parties os-seuses. C'est ce qui est arrivé dans la formation des races bovines anglaises perfectionnées de Durham et de Hereford. Les animaux élevés suivant ce procédé ont été, comme conséquence de ce premier fait, sou-mis de meilleure heure aux lois de la reproduction ; dès lors, une gestation précoce et une vieillesse anti-cipée sont devenus un état normal pour la race ainsi améliorée.

On a encore reproché aux races de travail d'avoir un avant-main trop développé comparativement au train postérieur, et de donner, par comparaison avec les races plus perfectionnées, une chair d'une teinte trop accentuée. La castration pratiquée dès le plus bas-âge, et pour ainsi dire sous la mère, a eu pour avantage d'attirer dans l'arrière-main une plus grande activité vitale, aux dépens des parties antérieures, et de modifier la constitution de ces animaux. Mais il faudrait, pour réussir complétement, substituer le procédé du coupage à celui du bistournage ; cette dernière opération n'agit, en effet, que d'une manière incomplète et laisse toujours au bœuf certains instincts du mâle que la castration a pour but de faire complétement disparaître.

Sans doute, l'amélioration exécutée dans les conditions qui viennent d'être décrites demande un temps assez long ; mais les éleveurs du Midi l'ont préférée parce qu'elle a l'avantage de ne supprimer, chez des animaux qui se sont développés et ont trouvé leur raison d'être dans le climat, le sol et les exigences de leur pays d'origine, que ce qui n'est plus aujourd'hui en harmonie avec les conditions nouvelles de la production agricole. Les qualités des races de travail, dont l'une des principales consiste, pour plusieurs d'entre elles, en un haut rendement de viande, se sont maintenues après l'amélioration. Nous citerons, comme exemple, deux bœufs garonnais primés aux concours de boucherie de Bordeaux.

	Bœuf garonnais No **1**.	Bœuf garonnais No **2**.
Poids vif.	674 kil.	1.088 kil.
Poids des 4 quartiers seuls.	424 –	683 –

Proportion des quatre par-
ties au poids vif. . . 62.91 p.%   68.78 p. %

Poids du suif. . . . . 55 kilog.   81 kilog.

Proportion du suif aux
quatre quartiers. . . 12.96 p. %   13.19 p. %

Poids du cuir. . . . . 53 kilog.   68 kilog.

Proportion du cuir aux
quatre quartiers. . . 12.83 p. %   10 p. %

La description suivante montrera comment une sélection bien entendue a pu transformer l'une des meilleures
races de travail de France, la race de Salers. Autrefois,
grands de corps, minces et hauts sur jambes, les bœufs
de Salers avaient des cuisses très-fendues, des fesses
peu charnues, des genoux en dedans, une peau épaisse
et dure. Ils présentent aujourd'hui, au moins pour un
grand nombre d'animaux, un poitrail large, un garrot
épais, un dos bien soutenu, des cuisses bien musclées,
des épaules longues et fortement charnues, des membres et surtout des jambes antérieures courtes. Le poil
est resté d'une couleur rouge foncé; mais la peau a
acquis plus de finesse et de moelleux.

Cette race, dont le type est reproduit par la gravure ci-jointe, change facilement de localité et peut,
quand on la fait descendre dans les plaines et les pâturages moins élevés, prendre un développement plus

considérable que dans ses montagnes. Aussi, est-elle très-recherchée, et le commerce du bétail est-il devenu pour le département du Cantal une importante source de richesse.

Après avoir traîné la charrue dans les départements de l'Ouest, les bœufs d'Auvergne sont engraissés dans les étables du Poitou ou dans les herbages de la Normandie, et conduits vers Paris qu'ils contribuent à alimenter pendant toute l'année. Les vaches donnent, tant qu'elles restent au milieu de leurs montagnes, un lait assez abondant, riche en principes caséeux et qui sert, comme on le sait, à fabriquer un fromage très-connu dans le Midi et dans le Sud-Est de la France.

II

Du bœuf de boucherie et de son amélioration.

On a vu plus haut que l'accroissement constant de la consommation de la viande a eu pour résultat d'engager les éleveurs à produire des races de boucherie, ou à perfectionner celles qui présentaient des aptitudes à l'engraissement. Cette tendance prend chaque jour un plus grand développement; c'est un des signes les plus frappants du progrès agricole depuis vingt ans. En effet, si l'on arrive à faire produire à un animal en moitié moins de temps une égale quantité de viande, il y a tout profit pour l'éleveur qui rentre plus rapidement dans les avances qu'il a faites et réalise en même temps une économie considérable de nourriture et de soins.

Le premier mérite d'une race de boucherie, c'est la précocité. Plus l'animal profite de sa nourriture et plus vite son organisation se développe. C'est ce don que les races anglaises, et particulièrement la race de Durham, possèdent à un haut degré, et qui a été le point de départ de la grande faveur dont elles jouissent ; c'est aussi en raison de cette qualité que la race Durham a été choisie pour obtenir des croisements avec les races françaises, en vue de leur donner une plus grande précocité.

Le second mérite du bœuf de boucherie est basé sur un faible développement du système osseux et des parties inférieures des membres. La poitrine doit, en outre, être large et profonde, la culotte bien descendue, le corps régulier et le dos droit. Ces qualités se rencontrent plus ou moins dans quelques-unes de nos races ; c'est à les développer ou à les provoquer que tendent les efforts des éleveurs. Ils y arrivent par la sélection, comme la race Charolaise en présente un exemple remarquable, ou par le croisement, ainsi qu'il est arrivé pour la race Mancelle.

A côté de l'élevage spécial des races pures de boucherie, presque uniquement pratiqué en France dans
certains départements privilégiés, il existe une industrie toute différente, l'industrie de l'engraissement. Des
marchands spéciaux parcourent, à différentes saisons,
la vallée de la Garonne, l'Auvergne, le Poitou, la
Vendée, et achètent en foire de véritables troupeaux.
Ces animaux sont revendus par eux et placés, soit dans
les grasses prairies de la Normandie, soit dans les départements septentrionaux où abondent les pulpes de
betteraves provenant des sucreries et des distilleries.
Ainsi transplantés et mis à une nourriture beaucoup
plus riche que celle qu'ils recevaient auparavant, ces
bœufs s'engraissent rapidement et au bout de quelques
mois ils sont bons pour la boucherie, après avoir acquis une plus-value qui atteint parfois plusieurs cen-
taines de francs.

La race Charolaise est aujourd'hui le type le plus
remarquable des animaux de boucherie existant en
France. Inconnue, il y a cent ans, en dehors de son
pays d'origine, cette race s'est rapidement développée
au fur et à mesure de son perfectionnement. Les principales améliorations apportées par une sélection judicieuse ont été la diminution de la tête et des membres, le développement de la culotte et de la poitrine.
Après cette transformation, ces animaux ont néanmoins

Bœuf Durham-Manceau

(Type de boucherie.)

conservé l'énergie et l'agilité qui en font d'excellentes
bêtes de travail pendant leur jeunesse. On peut donc
considérer la race Charolaise comme le type le plus
parfait de la race mixte, excellente à la fois pour le
travail et pour la boucherie.

On a dit qu'avant la première importation des animaux de la race Durham en France, il y a quarante
ans, nous ne possédions pas de véritable race de boucherie. Cette assertion est grandement exagérée ; la
race Charolaise s'est lentement formée et elle existe
réellement pure et d'une grande précocité depuis le
commencement du siècle. Si son amélioration a marché d'un pas plus rapide depuis une vingtaine d'années, ce fait tient surtout à la diffusion de plus en plus
grande des principes zootechniques qui tendent à se
répandre chez tous les agriculteurs, au grand avantage
de la production animale.

La race Charolaise possède aujourd'hui une remarquable constance dans ses caractères typiques aussi
bien que dans ses caractèrss secondaires. Son crâne
est étroit, son front bombé, ses naseaux sont bien
ouverts ; les oreilles sont petites et les yeux grands et
doux ; les cornes, d'une couleur blanc-jaunâtre, ont
une longueur moyenne ; le fanon, sous la gorge, est
léger, mais régulièrement formé ; l'encolure est courte
et le corps volumineux ; les membres sont relativement

minces et courts ; la queue est bien attachée, et la
ligne dorsale presque mathématiquement droite ; la
culotte est bien descendue et remarquablement développée ; enfin, la robe présente une couleur blanche
uniforme, quelque peu jaunâtre dans certains centres
d'élevage. Un certain nombre de zootechniciens ont
prétendu que les caractères de précocité obtenus depuis une vingtaine d'années sont dûs au sang Durham ;
beaucoup de controverses ont été suscitées à ce sujet,
mais aucun fait précis n'a amené de preuve véritable-
ment irréfutable à l'appui de cette opinion. Pour la
résoudre, il aurait fallu un moyen de contrôle analogue
au Herd-Book qui existe pour la race bovine de
Durham, en France comme en Angleterre. L'absence
de ce livre d'or pour la race Charolaise sera la source
de contestations nombreuses et difficiles à résoudre.
Tout ce que l'on peut dire, c'est que depuis une tren-
taine d'années des importations fréquentes de bêtes
Durham ont été faites dans les centres d'élevage de la
race Charolaise, et particulièrement dans le département de la Nièvre ; les troupeaux ainsi formés ont
constitué une sorte de caste, et aucune preuve écrite,
du moins à notre connaissance, ne peut attester qu'ils
se soient mêlés à la généalogie des animaux présentés
aujourd'hui comme appartenant à la race Charolaise
pure.

Quoi qu'il en soit, et c'est sur ce fait que nous croyons devoir insister, parce qu'à nos yeux il peut servir d'exemple pour l'amélioration des autres races, le département de la Nièvre et celui de Saône-et-Loire possèdent aujourd'hui d'excellents animaux de boucherie qui, après avoir travaillé pendant leur jeunesse, peuvent être engraissés avec facilité. Au commencement du siècle, le seul département de la Nièvre n'envoyait pas plus de 1,500 têtes par an à la boucherie de Paris ; il lui en fournit aujourd'hui plus de 30,000.

Une méthode tout à fait différente de celle pratiquée pour la race Charolaise a été suivie, dans l'ouest de la France, pour l'amélioration de la race Mancelle. L'ancienne race Mancelle était à la fois médiocre pour le travail et pour la production du lait ; d'un autre côté, elle avait une grande aptitude à l'engraissement, mais sans présenter les caractères des bonnes races de boucherie. La poitrine était étroite, et le système osseux y avait un très-grand développement. Les éleveurs ont donc eu la pensée de faire disparaître ces défauts, tout en développant l'aptitude à l'engraissement. Pour y arriver, ils ont eu recours au croisement avec la race Durham. Localisés d'abord dans quelques étables, ces croisements se sont rapidement répandus dans tout le pays habité par l'ancienne race Mancelle, qui tend aujourd'hui à disparaître complétement. La race Durham-Mancelle est tout à fait le type de la race de boucherie, ne donnant que de la viande et peu de lait. Le travail de la culture est fait, dans cette contrée, par des chevaux ou par des bœufs nantais.

Les bœufs Durham-Manceaux ont acquis une réputation telle dans les herbages normands qu'on les recherche de préférence à toute autre race. Dans le Maine et l'Anjou, ils sont vendus aux herbagers et aux engraisseurs dès l'âge de trois à quatre ans ; autrefois, on devait les conserver jusqu'à l'âge de six ans. — Ce fait seul a produit une augmentation considérable dans le revenu des fermes, et aujourd'hui, grâce à l'amélioration du bétail, l'agriculture de cette région est entrée dans une voie de progrès et de prospérité qui n'a pas tardé à remplacer un état de misère dont les derniers vestiges disparaissent rapidement.

La conclusion à tirer de l'examen des faits qui se sont reproduits dans l'élevage des animaux de l'espèce bovine, tant pour le travail que pour la boucherie, est la suivante : l'amélioration par le régime de la sélection semble, à un point de vue général, devoir être la voie la plus sûre et la plus avantageuse, quoiqu'elle soit la plus longue, eu égard aux conditions de débouchés et de climat. C'est donc la marche à suivre par les agriculteurs. Mais il faut se garder de généraliser d'une façon trop absolue. L'exemple de ce qui s'est passé dans la Mayenne prouve suffisamment que lorsque les conditions culturales ou économiques sont brusquement changées, le croisement peut produire des résultats plus rapides et plus avantageux ; le bétail subit alors, en peu d'années, une transformation qui le met en rapport avec les nouvelles conditions de la culture. Les races perfectionnées sont, pour ainsi dire, des machines à grand travail qui produisent en raison des matières premières qu'on leur donne à transformer ; elles sont d'autant plus exigeantes qu'elles sont plus précoces. De l'observation de ce principe dépendent, en grande partie, les profits qu'on peut retirer de ce genre de spéculation. Si les animaux chôment de nourriture pendant l'hiver, s'ils pèsent moins au commencement du printemps qu'à la fin de l'automne, ils consomment à ce moment, pour regagner le poids perdu, une grande partie de la nourriture qu'ils auraient employée à augmenter de volume. Il y aura à la fois perte de temps et perte de nourriture. Si le choix de la race est important, on voit qu'il importe également d'assurer au bétail une alimentation régulière, abondante et aussi bien constituée que possible.

III

Les races laitières.

Les races bovines laitières donnent moins de

13

viande et de travail que les autres, mais elles sont précieuses pour la production du beurre et du fromage, qui tend, de jour en jour, à prendre une plus grande extension en France. Leur rôle doit devenir de plus en plus considérable ; il suffit de quelques considérations générales pour le prouver.

Le commerce d'exportation des beurres a augmenté de 12 millions de francs par an, en France, pendant les quatre dernières années. Il y a, à la fois, augmentation sur le prix des denrées et sur les quantités exportées. Les beurres français sont recherchés; non-seulement par l'Angleterre, mais aussi par l'Amérique : des millions de kilogrammes sont expédiés chaque année pour le Brésil. Pour la dernière année (1874), l'exportation des beurres s'est élevée à 37 millions de kilogrammes, d'une valeur de 92 millions de francs. Ce commerce correspond à la production d'un milliard de litres de lait, c'est-à-dire à celle de 400,000 vaches donnant, chacune, en moyenne, 7 litres de lait par jour. — Le commerce d'exportation des fromages s'est également accru dans une très-notable proportion, quoiqu'il soit encore loin de pouvoir être comparé à celui des beurres; en 1874, nous avons exporté pour 6,400,000 francs de fromages. L'étude des documents publiés par l'administration des douanes établit, pour cette denrée, un double courant : diminution des quantités entrées en France, augmentation des quantités sorties.

En présence de ces chiffres, on comprend que l'agriculteur ait intérêt à augmenter sa production laitière ; car, non-seulement la consommation intérieure des produits de la laiterie va sans cesse en augmentant, mais le commerce extérieur lui assure des débouchés toujours croissants. Le Midi est peu riche en vaches laitières ; c'est donc principalement par l'importation des races voisines ou étrangères qu'il sera possible, pour ceux qui voudront se livrer à ce commerce dans cette région, de parer à une telle pénurie. — En tout cas, on devra agir avec une extrême prudence pour introduire de nouvelles races laitières dans une localité.

La première condition à remplir, en pareille circonstance, consiste à s'assurer si les ressources fourragères sont suffisantes et se trouvent en rapport avec la race qu'on veut implanter. Il existe dans l'ouest et le nord-ouest de la France deux grandes races laitières, la race normande et la race bretonne qui sont le témoignage vivant de l'influence du milieu sur les résultats obtenus. La vache normande donne un lait abondant et très butyreux, mais à la condition de vivre dans son centre naturel, au milieu de pâturages abondants. Placée sur les landes presque arides de la Bretagne, elle donnerait de moins

bons résultats que la petite et rustique vache bretonne.
Il en est de même des races septentrionales, telles que
la race flamande et la race hollandaise qui donnent,
dans les vertes prairies des Flandres et de la Hollande,
un lait abondant et caséeux, principalement convenable pour l'industrie fromagère. Quant à la race bretonne, elle est si bien appropriée aux landes de
l'Armorique que, lorsque sous l'influence de procédés
culturaux plus perfectionnés, les landes où elle a vécu
viennent à disparaître, elle disparaît également, cédant
le pas à d'autres races plus perfectionnées. C'est ainsi
que dans le département d'Ille-et-Vilaine, la race Cho-
letaise et la race Normande tendent à se rejoindre, en
chassant devant elles la race Bretonne. Cette transformation se fait graduellement et par croisements
entre les races pures normande et bretonne, il en résulte un type spécial, la race normande-bretonne ou
race rennoise qui se trouve parfaitement appropriée à
la nouvelle situation agricole de cette contrée. Cette
race s'est formée avec peine ; mais aujourd'hui on
peut la considérer comme un type réellement homo-
gène. Sa robe est pie-rouge avec le mufle rose. La
vache est bonne laitière, elle donne du beurre d'excellente qualité, et produit de 12 à 15 litres de lait par
jour après le vêlage. Le rendement moyen en lait peut
être estimé de 8 à 9 litres. Le bœuf est fort et osseux ;

son poids varie, suivant les individus, de 550 à 650 kilogrammes, il est très bon travailleur, mais il s'en-
graisse difficilement. En résumé, on a obtenu avec le
type rennois des animaux moins exigeants que les
normands et des produits supérieurs à ceux de la race
bretonne. Le croisement Durham-Breton, pratiqué sur
certaines exploitations riches de la Bretagne, réussit
également d'une façon satisfaisante. Sans nuire à la
qualité et au rendement du lait, cette alliance a rendu
le breton plus étoffé et plus précoce. Des résultats
analogues ont été obtenus dans le département
du Nord par le croisement des races Durham et
Flamande.   .

La formation des bonnes races laitières dépend, on
le voit, d'un grand nombre de circonstances; l'élévation du niveau de fertilité du sol est assurément
l'une de celles qui exerce à ce point de vue la plus
grande influence.

L'exemple de ce qui s'est passé en Ecosse, dans le
comté d'Ayr, suffira pour le prouver. Le comté d'Ayr
possède aujourd'hui une race bovine laitière dont la
réputation est européenne. Elle s'est répandue dans les
comtés environnants, et elle peuple également quelques parties du littoral de la mer d'Islande. La transformation ou plutôt la formation réelle de cette race,
avec les qualités qu'elle présente, est de date assez

récente et elle n'a eu lieu qu'à la suite des améliorations agricoles faites dans ce pays.

Il y a environ un siècle, le comté d'Ayr présentait
l'aspect le plus pauvre et le plus malheureux. « On
n'y voyait, dit un écrivain anglais, ni récoltes vertes,
ni prairies ensemencées, ni chariots. On demandait
au même champ des récoltes successives d'avoine sur
avoine, tant qu'il pouvait fournir un excédant sur la
semence ; après quoi il restait dans un état absolu de
stérilité jusqu'à ce qu'il revînt de nouveau en état de
donner une récolte. » Cette contrée est aujourd'hui,
grâce au drainage et à d'autres travaux de culture
bien entendus, une des plus prospères de la Grande-
Bretagne ; son bétail qui, d'après le même auteur,
« mourait de faim en hiver et pouvait à peine se lever
sans aide quand le printemps arrivait, » passe pour
être un des plus remarquables de ce pays si riche en
animaux de choix.

C'est encore là la meilleure preuve de la corrélation
qui existe entre l'état cultural d'une contrée et le degré d'amélioration des animaux qui la peuplent. Placé
dans un milieu nouveau et fertile, le type primitif du
comté d'Ayr a disparu pour céder la place à une race
mieux conformée, plus produtive, mais aussi plus exigeante. Au lieu d'animaux chétifs, au pelage noir, et
rappelant, par leur conformation défectueuse, le petit

Taureau Ayr-Durahm (Type laitier)

bétail des landes de la Bretagne, apparut la race nouvelle qui se fit remarquer par un pelage fauve tacheté
de blanc, une taille plutôt petite que grande, une tête
de grosseur moyenne, une encolure légère, des reins
larges, une croupe courte, large des hanches, mais
resserrée aux ischions, un ventre volumineux, des
cuisses minces, des jambes fines, un pis très développé
et muni de trayons petits.

Comment cette transformation s'est-elle opérée ? La
tradition est partagée à ce sujet. D'après les uns, elle
aurait été produite par des croisements avec l'ancienne
race de Durham; aux yeux des autres, elle serait survenue à la suite d'une importation d'animaux origi-
naires des îles de la Manche. En tous cas, on est d'accord pour admettre l'introduction d'un sang étranger
dans la race nouvelle, et il paraîtrait en résulter que
l'amélioration de la race a été faite par l'intervention
d'animaux d'origines diverses. Le peu d'uniformité des
caractères de la race, leur peu de fixité, l'apparition
du noir, vestige du type primitif, chez des animaux
issus de parents fauves, semblent confirmer cette manière de voir. Aussi la race d'Ayr est-elle généralement regardée par les zootechniciens comme étant
encore impropre à imprimer, d'une manière certaine,
ses caractères à des races de formation ancienne.

Les premières importations de la race d'Ayr en

France datent de plusieurs années. Les qualités laitières de ces animaux, leur physionomie agréable leur
valurent un accueil que n'a jamais reçu aucune autre
race étrangère. On la rencontre aujourd'hui dans les
départements du Morbihan, des Côtes-du-Nord, d'Ille-
et-Vilaine, dans le centre de la France, dans la Bresse,
en Flandre et en Normandie. Dans ces différentes régions, quoique déjà moins répandue que dans les premières années de l'importation, elle peuple des vacheries importantes ; .mais elle ne s'est jamais implantée
dans une contrée de manière à s'y créer, en quelque
sorte, une nouvelle patrie et à remplacer les anciennes
races indigènes.

Considérée comme race laitière pure de tout croisement, et entretenue uniquement pour la production du
lait, la race d'Ayr est certainement une de celles qui
méritent le plus d'être recommandées. Elle est rustique, peu exigeante pour la qualité des fourrages, et
donne, relativement à sa taille et à la nourriture qu'elle
consomme, le lait le plus abondant et de la qualité la
meilleure. David Low, savant agronome et chimiste de
l'Angleterre, cite des vacheries, de choix il est vrai,
composées de vaches de la race d'Ayr, qui, dans la
Grande-Bretagne, arrivaient au chiffre remarquable de
3,600 à 4,000 litres de lait par tête et par an. En
France, j'ai constaté personnellement en Bretagne, où

j'ai suivi attentivement l'élevage de cette race dans
une vacherie importante, un rendement de 2,500 litres
de lait par tête et par an. D'après d'autres observations faites dans diverses étables, on pourrait établir un
rendement moyen annuel, par individu et pour toute
la France, de 2,700 à 2,800 litres. Ce rendement descendrait probablement, pour les départements méridionaux, à 2,000 et 2,500 litres. Ces derniers chiffres
étonneront peut-être ; mais nous répéterons, à cette
occasion, l'opinion d'hommes compétents, instruits
par l'expérience, à savoir que le rendement en lait
diminue, pour la même vache, à mesure qu'on la
fait descendre davantage du Nord vers le Midi.

Le même fait se reproduit pour les animaux qui quit-
tent les fraîches vallées des montagnes pour être
transplantés dans les plaines.

En évaluant le produit en lait des vaches d'Ayr,
à 2,000 litres par an seulement, leur entretien serait
encore préférable à celui de la petite vache bretonne,
la plus répandue dans nos localités, et dont le rendement ne dépasse guère 1,500 litres annuellement. Des
chiffres comparatifs, établis avec d'autres races laitières du Midi et du Centre de la France, feraient encore
mieux ressortir les avantages de la race d'Ayr, et dé-
montreraient l'utilité de son importation dans les départements du Centre et du Midi. Son aptitude à l'en-

graissement est, il est vrai, très prononcée, et constitue même une des difficultés de l'élevage des veaux. Ces jeunes animaux, si l'on n'y prend garde, prennent la graisse avec une très grande facilité et deviennent ensuite des producteurs de lait d'une médiocre valeur. C'est un fait à signaler aux agriculteurs désireux d'élever des animaux de race d'Ayr.

CHAPITRE III.

—

Quelques années après le recensement du bétail
français fait en 1857, M. Léonce de Lavergne, l'émi-
nent économiste agricole, constata, à l'aide de rélevés
comparatifs recueillis sur les recensements des années
1852 et 1857, une réduction sur la population ovine
de 6,328,000 têtes. Pendant les périodes précédentes, de 1829 à 1852, l'accroissement avait, au contraire, été constant et il ne s'était ralenti, à cette
dernière date, que pour retomber brusquement en
1857, cinq ans après, au-dessous du chiffre de 1829.
Une diminution aussi rapide de l'une de nos principales catégories d'animaux eût été un fait grave pour
l'agriculture, eu égard à la perte de fumiers qui en
devenait la conséquence, si l'on n'eût constaté, en
même temps, une augmentation plus que suffisante
de l'espèce bovine pour compenser les pertes en fumier résultant de la diminution de l'espèce ovine.

Ce mouvement rétrograde dans la population ovine
a été le point de départ d'un grand nombre de controverses auxquelles ont pris part agriculteurs et
économistes. Il a été successivement attribué à un plus
grand morcellement de la propriété, à des maladies
épizootiques, et même à la méthode suivie alors pour
établir le recensement du bétail. Quelle est la part qui
revient, dans ce mouvement, à chacune de ces différentes causes ? C'est ce que l'enquête ouverte en 1866
a permis de constater.

Nous citerons d'abord ce que disait, pour l'ensemble
de la France, M. de Monny de Mornay, commissaire
général de l'enquête, dans son rapport d'ensemble :
« On a remarqué assez généralement, dit-il, une diminution survenue dans les animaux de la race ovine ; le
morcellement de la propriété, l'extension de la petite
culture, en rendant à peu près impossible sur bien des
points la formation et l'entretien de grands troupeaux,
ont diminué le nombre des moutons ; par contre, il
en est résulté une augmentation dans le nombre des
vaches laitières, chaque petit propriétaire étant habituellement en possession d'un animal de cette nature
qu'il peut la plupart du temps nourrir en partie sur
les pâturages communaux , mais dont l'entretien à
l'étable lui est plus profitable encore, qui fournit dans
une certaine mesure à l'alimentation de la famille et

qui lui donne, en outre, la quantité de fumier et, dans quelques contrées, le travail nécessaire pour la culture du petit morceau de terre qu'il possède. » Aux yeux du commissaire général, c'est donc l'extension de la petite propriété qui a amené la diminution constatée dans la population ovine.

Dix années se sont écoulées depuis l'ouverture de l'enquête agricole et l'on est en droit, aujourd'hui, de se demander si les choses sont restées dans la même situation. Les résultats généraux du recensement du bétail fait en 1872 permettent d'y répondre ; ils changent complètement la face de la question.

Dans un grand nombre de départements, le recensement de 1872 accuse, au contraire, une augmentation dans l'espèce ovine. Le département de Lot-et-Garonne fait partie de cette catégorie. Tandis qu'en 1862, le chiffre officiel de la population ovine de ce département était de 100,000 têtes, il atteignait 113,700 têtes en 1872. C'est une augmentation sensible, mais qui est loin de ramener encore le chiffre de la population ovine à ce qu'elle était en 1852. Cette augmentation dans le nombre des moutons a coïncidé d'ailleurs avec l'augmentation des espèces bovine et chevaline, constaté antérieurement et qui n'a pas cessé de se produire.

Un fait analogue à celui qui vient d'être constaté

s'est produit en Angleterre, mais dans un temps
beaucoup plus court. Ce pays compte aujourd'hui
34,837,000 têtes appartenant à l'espèce ovine. De
1868 à 1871, il avait perdu 3,590,000 têtes ; de 1871
à 1874, il en a gagné 3,195,000. L'augmentation
pour l'année 1874 seule a été de 886,000 têtes. Le
même mouvement s'est-il produit pour la France
durant cette dernière période ? C'est ce que les documents officiels ne nous ont pas encore appris.

Quoi qu'il en soit, il paraît évident aujourd'hui qu'à
part les causes exceptionnelles qui ont amené le
dépeuplement d'un grand nombre de bergeries, la population ovine diminue, ou au moins a cessé de s'accroître, et que l'une des principales causes de ce
phénomène économique se trouve dans le morcellement de la propriété. Est-ce à dire cependant que les
progrès du morcellement doivent atténuer sans cesse
le nombre de nos troupeaux ? Les faits nouveaux
semblent prouver le contraire ; si l'équilibre entre les
exigences nouvelles de la culture et l'état des races
ovines locales a été momentanément rompu, rien ne
prouve qu'il ne puisse être rétabli.

Il y a vingt ans, et les choses se passent encore
aujourd'hui de la même manière dans un grand nombre d'exploitations, la plupart des animaux de races
ovines indigènes vivaient presque uniquement en uti-

lisant des fourrages trop peu abondants pour être fauchés, et qui, sans cet emploi, fussent demeurés inutiles. A l'âge de deux ou trois ans, ces mêmes moutons donnaient, suivant leur race, un poids de 30 à 50 kilog. seulement; mais leur compte ne se trouvant grevé que de la valeur de quelques fagots broutés, d'un peu de fourrage consommé à la bergerie principalement pendant les mauvais jours, ils produisaient encore un certain bénéfice. Avec le morcellement du sol et ses conséquences, c'est-à-dire avec des surfaces mieux cultivées et une production fourragère grevée d'un prix de revient parfois assez élevé, l'élevage d'animaux aussi lents à acquérir un médiocre développement n'a plus été rémunérateur, et on a dû les abandonner.

Il a donc fallu, en présence d'un mouvement cultural plus actif, choisir également un élevage de moutons plus rapide et susceptible de payer les frais d'une culture fourragère. Les animaux de boucherie anglais pesant, dès l'âge de quinze mois, de 50 à 70 kilogrammes, se sont trouvés parfaitement appropriés à de telles conditions. La seule difficulté que pouvait présenter ce système, c'est que les races anglaises sont, pour la plupart, délicates et d'un élevage assez difficile. Aussi a-t-on cherché à les employer à l'état de croisement avec les races locales. Les métis conservent, en effet, une partie de la rusticité des races indigènes, tout en acquérant les aptitudes de la race améliorante, lorsqu'on a soin de faire intervenir cette dernière sur des animaux provenant de croisements déjà produits entre différentes races indigènes.

C'est ainsi que l'École d'Alfort a propagé, dans les environs de Paris, et la bergerie de Montcravel, dans le Nord, les croisements anglo-mérinos. Ces métis, dit un maître en semblable matière, M. Magne, tien- nent le milieu par leurs caractères (rusticité, et d'autre part précocité et accroissement de volume) entre la race mérinos et les races anglaises. C'est ainsi égale- ment que le mouton south-down, élevé sur les riches collines du comté de Sussex, se trouve ré- pandu aujourd'hui par toute la France. La race south-down, caractérisée par la couleur marron de la tête et des pattes, a acquis aujourd'hui le pre- mier rang parmi les races de boucherie. Il y a cent ans, les animaux de cette race avaient peu d'ampleur, ils étaient hauts sur jambes, ils avaient l'arrière-train bas, et ne s'engraissaient pas avant l'âge de trois ans. Grâce aux efforts d'éleveurs distingués et au soin apporté dans le choix et l'appareillement des reproducteurs, la grosseur de la tête et la longueur du cou ont été sensiblement diminués, les épaules et le train d'arrière ont été développés, tandis que les mem-

Moutons South-Down.

bres s'amincissaient ; ils atteignent actuellement à
dix-huit mois, leur développement complet, et pèsent
de 70 à 75 kilogrammes.

La race south-down se trouve aujourd'hui chez
un grand nombre d'agriculteurs français ; elle y est
élevée à l'état de race pure et sert souvent de type
améliorateur. Un des succès les plus complets ainsi
obtenus a été le croisement avec la race berrichonne,
qui a donné à cette dernière plus d'ampleur, une plus
grande précocité et surtout plus de finesse ; ce type
tend actuellement à se répandre dans le centre de
la France.

Une autre tentative qui a pleinement réussi, c'est la
formation, par voie de croisement, de la race de la
Charmoise, par M. Malingié, dans le Berry. Voulant
améliorer les animaux de la race locale, cet habile
éleveur eut recours au bélier anglais New-Kent. On
sait que cette race, modifiée elle-même par des croisements avec le Dishley, est rustique et fournit une
viande estimée. M. Malingié croisa le bélier New-Kent
avec des animaux provenant d'un croisement solognot,
berrichon, tourangeau et mérinos. Il affaiblit ainsi
considérablement l'influence des reproducteurs des
races françaises, et il laissa dominer le sang anglais.
Tout en étant rustique , le mouton de la Charmoise
est devenu précoce et il a pris une bonne con—
14

formation. En voici, d'ailleurs, les caractères : la taille est moyenne, et le corps bien cylindrique ; la charpente osseuse est large et mince ; les jambes sont fines et écartées ; la tête est petite, sèche et sans cornes ; les épaules et la poitrine sont larges et profondes ; les reins sont également larges, mais sans atteindre le développement de la poitrine ; l'épine dorsale est horizontale, et les côtes parfaitement arrondies. La croissance se fait rapidement et elle s'arrête à dix-huit et vingt mois ; mais les jeunes animaux peuvent prendre de la graisse dès l'âge de huit mois, grâce à une grande puissance d'assimilation, unie toutefois à une sobriété remarquable. Doués d'un bon tempérament, les moutons de la Charmoise supportent sans trop de fatigue les effets de la chaleur et de la sécheresse, et sont peu sujets à la cachexie ou au sang de rate. En résumé, disait, il y a déjà longtemps, un éleveur, « l'introduction de la race de la Charmoise a amené dans notre troupeau de la chair, du poids, de la laine, de la précocité et de la vigueur. »

La race de la Charmoise a été successivement introduite dans un grand nombre d'exploitations du département de Loir-et-Cher, dans ceux de l'Allier, de la Vienne, du Calvados, d'Indre-et-Loire, des Landes, de la Drôme, du Lot-et-Garonne, et partout elle a pro-

duit les mêmes résultats. Sa propagation , d'abord
ralentie , par suite des préjugés qui ne se dissipent
qu'avec peine, devient plus active. Elle forme d'ailleurs aujourd'hui une véritable race française qui présente l'immense avantage d'être parfaitement accli-
matée.

CHAPITRE IV.

ESPÈCE PORCINE.

Les éleveurs français ont été pendant longtemps divisés sur la manière dont on peut améliorer les races porcines. Les uns recommandaient l'emploi exclusif des races anglaises ; les autres, au contraire, croyaient préférable de demander au croisement une plus grande perfection pour les races existant actuellement en France.

Lorsque les races porcines anglaises furent importées pour la première fois sur le continent, tous les agriculteurs furent, à juste titre, émerveillés de l'état excessif d'embonpoint de ces animaux, de leur précocité et de la facilité avec laquelle, comparativement aux races indigènes, ils arrivaient à acquérir de telles dimensions. Il parut au plus grand nombre que leur emploi serait un progrès ; partout on les accueillit favorablement, et ils se propagèrent sur tous les points avec rapidité. Le nombre des animaux an-

glais devint même assez considérable, soit à l'état
pur, soit à l'état de croisement, pour remplacer dans
une assez forte proportion les races locales et pénétrer
dans la masse de la consommation.

Le premier engouement passé, aussi bien dans le
Nord-Est que dans le Sud-Ouest, beaucoup d'agriculteurs ont rencontré une résistance assez vive à l'adoption, par les consommateurs, des viandes de porcs anglais. Les cultivateurs qui avaient voulu, pendant une
année, substituer, à titre d'expérience, le porc anglais
au porc indigène, ont reconnu que les races anglaises
et leurs croisements trois-quarts sang s'engraissaient
plus facilement, mais donnaient à poids égal une chair
moins abondante, plus molle et moins agréable au goût
que celle des races françaises.

Il y avait dans ces faits un avertissement pour les
agriculteurs attentifs au progrès et soucieux de conserver l'élevage des races porcines dans de bonnes
conditions. Il leur importait, en effet, de prévenir une
dépréciation et peut-être même un éloignement complet des races anglaises qui pouvaient encore rendre
des services. L'impulsion était donnée, mais l'amélioration avait fait fausse route. On fut donc amené
à mieux observer les faits pour regagner le bon
chemin et réparer les fautes commises.

Dans notre pays où la majeure partie de la popu-

lation est agricole et consomme surtout la viande
de porc conservée au saloir, il est indispensable de
produire des animaux donnant une chair abondante
et de première qualité. Les races indigènes remplis-
sent parfaitement ce but ; seulement elles sont difficiles à engraisser et d'une conformation souvent
vicieuse. L'infusion d'un quart ou d'une moitié de
sang anglais, jointe à un élevage convenable et à un
choix judicieux de reproducteurs, devait rendre nos
races plus carrées tout en conservant leur taille et
leurs qualités de chair. En outre, elles restaient meilleures marcheuses que ne le sont, en général , les
races anglaises , et elles devaient rayonner plus facilement des différentes stations où elles seraient dé-
posées vers les marchés et les lieux de consommation.
Cette marche a été adoptée et nos races porcines ont
actuellement subi d'importantes transformations.

Les idées que nous venons d'exprimer paraissent
d'autant plus justes et d'autant plus rationnelles
qu'elles avaient déjà été appliquées depuis longtemps
à l'élevage des autres races domestiques, et qu'elles
ont servi de base à l'amélioration même des races porcines de la Grande-Bretagne. Toutes, ou presque toutes
les races porcines de l'Angleterre, ont leur origine dans
des croisements plus ou moins heureux ; celles qui
sont aujourd'hui les plus renommées ne doivent leurs

grandes qualités qu'à la double alliance du porc indigène et du porc étranger. L'histoire de l'amélioration
des races porcines anglaises est assez récente pour
être parfaitement connue ; elle a trouvé, dans un agronome qui a longtemps habité l'Angleterre, un histo-
rien fidèle ; [1] nous pouvons, grâce à lui, prévoir ce
que deviendront nos races indigènes, par comparaison
à ce qui a été obtenu de l'autre côté du détroit.

Au commencement de ce siècle, toutes les races
porcines de l'Angleterre ressemblaient à celles du
Continent, telles qu'elles existent encore dans un grand
nombre de régions : fortes dimensions, formes gros-
sières, poil rude et hérissé, épine dorsale arquée,
longues oreilles pendantes, tête énorme, jambes longues, cuisses maigres, etc. Lord Western, dans un
voyage en Italie, fut frappé de la conformation de la
race porcine des environs de Naples, surtout en ce qui
est de ses formes arrondies et de la légèreté de son
ossature. Il expédia pour l'Angleterre un verrat napo-
litain qu'il croisa avec les meilleures femelles indigènes. Les produits manifestèrent une grande aptitude
à l'engraissement. Ces heureuses tentatives furent
poursuivies par Fisher Hobbs, qui s'attacha principalement à produire des animaux plus fournis en chair.

---

[1] De la Tréhonnais. *Revue agricole de l'Angleterre.*

Il obtint ainsi la transformation complète de la race
d'Essex, universellement connue aujourd'hui sous le
nom de Bershire-Essex.

D'autres éleveurs ont suivi la même marche pour
améliorer les races blanches de Leicester, et c'est la
race de Chine dont l'intervention a produit les résultats
cherchés. La nouvelle race de Leicester a servi elle-
même à améliorer les grandes races porcines du
Yorksire et du Lincolnshire. L'amélioration de ces dernières races ne remonte pas, aujourd'hui, à plus de
vingt ans.

Déjà, en France, l'amélioration a fait, ainsi que
nous venons de le constater, de grands progrès.
Les éleveurs français obtiendront certainement des
résultats qui équivaudront à ceux des éleveurs anglais. Le point essentiel consiste à bien choisir le sang
améliorateur. C'est là une question que l'expérience
doit apprendre à résoudre. Une sélection intelligente
devra fixer les nouvelles qualités, tout en maintenant
celles que possèdent les races françaises, qualités importantes, car elles correspondent, pour la nature de
la viande en particulier, de la manière la plus complète, aux exigences de la consommation.

CHAPITRE V.

~~

La basse-cour devient, dans les exploitations agricoles, une source de revenus souvent considérables; mais pour donner des résultats vraiment lucratifs, elle doit être entretenue avec grand soin. C'est le rôle de la femme, dans un grand nombre de fermes, de veiller sur les poulaillers, les colombiers, etc. Elle a une comptabilité à part pour sa basse-cour; elle en fait un véritable monde au milieu du monde de la ferme. Tant vaut la ménagère, tant vaut la basse-cour. Mais il est important qu'elle-même soit éclairée et qu'un guide judicieux lui donne un juste esprit d'observation et l'arrête souvent dans les écarts auxquels son imagination pourrait l'entraîner.

Les espèces qui peuplent les basses-cours sont nombreuses. On peut placer en première ligne, tant

par le nombre que par l'abondance des produits
qu'elles fournissent, les races gallines. La France
possède de nombreuses et belles variétés de volailles;
néanmoins, il y a quelques années, on était allé
chercher des espèces extraordinaires sur les bords
du Gange, en Chine et dans la Malaisie. Ces variétés
de fantaisie sont peu appréciées sur les marchés,
et tendent à disparaitre de jour en jour; elles ne
sont plus guère entretenues que chez quelques ama-
teurs qui les produisent encore dans les concours.
Aucune ne vaut, en effet, soit comme pondeuse, soit
comme couveuse, ou bien pour la blancheur et la
finesse de sa chair, la poule noire de nos contrées
ou les variétés très connues de la Bresse, du Mans
et de Barbezieux.

La race de Crève-Cœur, l'une des plus anciennes
races françaises, qui a elle-même donné naissance
à de nombreuses variétés, tient encore partout le
premier rang. Nulle autre n'a un squelette aussi fin;
quand l'animal est en chair, le poids des os entre
à peine pour un huitième dans le poids total de la
bête. La précocité des poulets est vraiment surpre-
nante; ils atteignent leur développement à six mois
et, dès l'âge de trois mois, ils peuvent être engraissés.

Leur viande est fine , ferme et d'une délicatesse qui
la fait apprécier de tous. Aussi les prix que ces animaux atteignent sur les marchés dépassent-ils de
beaucoup ceux obtenus par les autres races. Ils sont
rustiques , et peuvent être facilement acclimatés dans
toutes les parties de la France.

Après les poules et les coqs , les grands profits de la
basse-cour sont fournis par les canards, les oies et les
dindons. Ici encore, nous devons répéter ce que nous
avons dit à l'occasion de l'espèce galline : les variétés
indigènes valent beaucoup mieux et surtout sont d'un
élevage bien plus facile que les variétés d'importation
étrangère.

Le colombier est appelé, de son côté, à donner des
profits très sérieux à la ménagère, et nous devons dire
que l'attention ne s'est pas encore assez généralement
portée vers cette partie de la basse-cour. Le pigeon, il
est vrai , est accusé de bien des méfaits dans les
champs cultivés ; mais , s'il était nourri avec plus
de constance et habitué à trouver sa nourriture au
colombier , il ne serait peut-être pas un aussi grand
dévastateur. Quoi qu'il en soit , les produits d'un colombier sont nombreux ; ils se composent des jeunes
pigeons, des pigeons réformés et engraissés , de la

plume, et de l'engrais fourni par ces oiseaux. Des
calculs faits avec un soin minutieux ont prouvé qu'un
colombier de 300 paires de pigeons donnerait un produit brut annuel de 1,300 francs. En défalquant les
dépenses, on aurait un bénéfice net de 175 à 180 fr.
par an, représentant à peu près 15 à 16 % du
capital engagé. Il y a donc là une source certaine
de profits, que les agriculteurs auraient grand tort
de négliger, surtout s'ils se trouvent à proximité
d'une ville où la vente des produits du colombier
est facile.

Les lapins paient également avec usure les soins
qu'on leur donne. Sans caresser la chimère de fonder
une fortune sur leur élevage, on peut leur demander
d'arrondir chaque année le pécule de la famille rurale.
Le lapin est surtout précieux pour la petite propriété, en ce qu'il peut consommer les herbes adventices et les détritus qui, sans lui, n'auraient
aucune valeur. Autant le lapin de garenne est des-
tructeur, autant le lapin domestique peut rendre de
véritables services. On élève plusieurs variétés de
lapins; les plus connus sont le lapin gris, le lapin
angora et le lapin riche dont la chair se recom-
mande par une saveur spéciale. Dans ces dernières

années, on est arrivé à former une race nouvelle,
la race dite de Saint-Pierre, qui se distingue à la
fois par sa fécondité, sa précocité et son volume;
les animaux de cette variété trouvent dès aujour-
d'hui une grande faveur auprès des acheteurs et des
consommateurs.

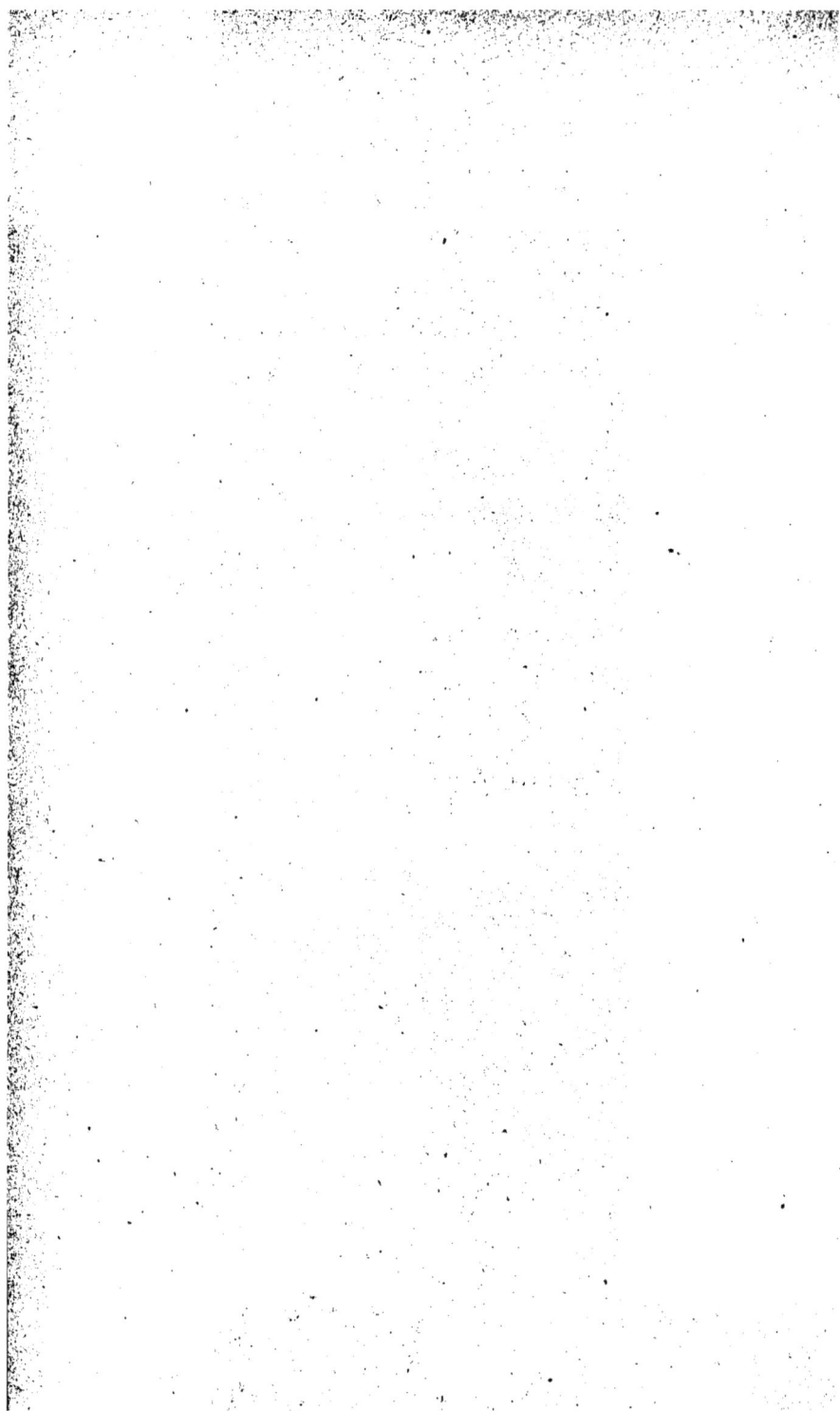

QUATRIÈME PARTIE

SPÉCULATIONS VÉGÉTALES ET ENGRAIS

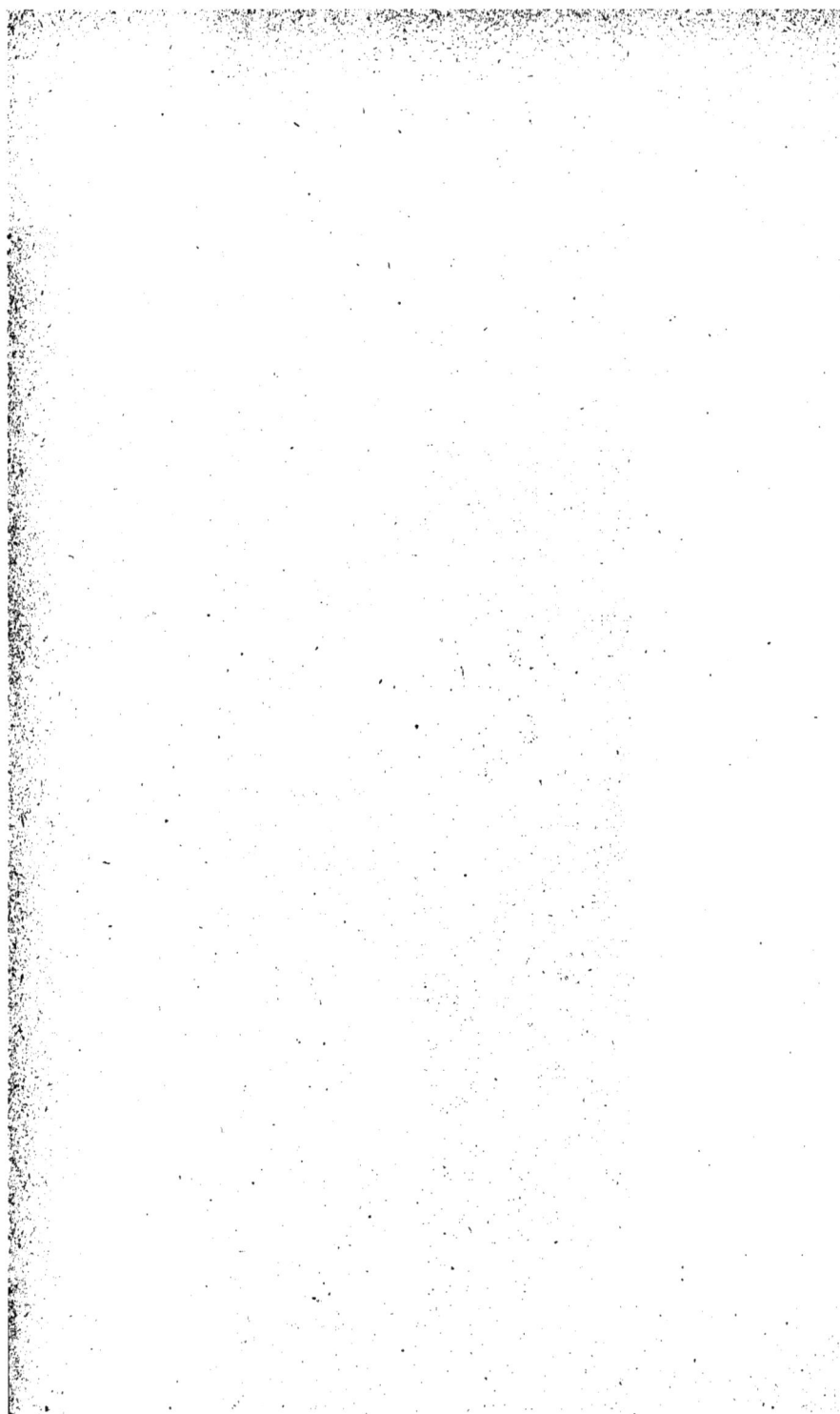

CHAPITRE Ier.

—

LES COMPTES DE CULTURE.

Dans les chapitres précédents, nous avons rapidement exposé les principales règles qui doivent, à nos
yeux, présider à l'amélioration de nos espèces domestiques. Sans prétendre avoir fait un traité de zootechnie, nous espérons, du moins, avoir résumé les principales transformations et les conditions nouvelles qui
sont survenues, pendant ces dernières années, dans
l'élevage des diverses races d'animaux. Nous allons
maintenant suivre la même marche au sujet des entreprises culturales. Si tout le monde s'accorde aujour-
d'hui à reconnaître que le bétail n'est pas un mal nécessaire, qu'il est, au contraire, un des principaux
éléments de richesse dans la ferme, il n'en reste pas
moins vrai que la base de la production agricole,
surtout pour le Midi, porte sur la production des
plantes exportables. Or, rien n'est plus important que

de bien régler l'ordre des cultures, en d'autres termes les assolements, pour tirer de la couche arable
tout le parti possible. Le succès dépend ici de deux
éléments : l'ordre raisonné des cultures et l'emploi
judicieux des engrais. Nous examinerons successivement ces deux questions.

Il en est des spéculations végétales comme des
spéculations animales. Le chef d'exploitation doit
chercher, avant tout, à connaître les variétés de plantes
susceptibles de donner, pour des conditions déterminées, les produits nets les plus élevés. Dans ce but, il
doit étudier la nature du climat et du sol, tenir compte
du degré de fertilité des terres, des débouchés, des
ressources de l'exploitant, etc. Cette simple énumération suffit pour montrer combien la question est com-
plexe et combien elle peut recevoir de solutions variées.
Nous allons essayer de retracer la règle à suivre en
pareille circonstance.

La nécessité de faire varier les récoltes sur un
même champ remonte aux époques les plus éloignées.

Sic quoque mutatis requiescunt fætibus arva,

disait Virgile ; Columelle nous a laissé, de son côté,
plusieurs exemples d'assolements pratiqués par les
Romains. Pendant longtemps, les cultivateurs se

sont contentés de demander à la terre de produire
une année sur deux, la jachère rendant, à leurs
yeux, au sol les éléments de fertilité que la récolte
de l'année précédente lui avait enlevés. Comment,
par ce système, et sans presque employer d'engrais, a-t-on pu prévenir l'épuisement complet du
sol? C'est que la jachère a, en effet, un grand
pouvoir vivifiant, en ce sens que les pluies rendent
au sol, par les sels qu'elles entraînent, une partie
des principes fertilisants absorbés par les récoltes. Et
d'ailleurs, au commencement de ce siècle encore, on
était généralement habitué à se contenter de produits
considérés aujourd'hui comme tout à fait insuffisants,
même sur les fermes les plus arriérées.

L'histoire des phases par lesquelles ont passé successivement les théories concernant la rotation des
cultures, a déjà été faite; elle renferme des ensei-
gnements sur lesquels nous n'avons pas à nous
appesantir ici. Un agronome dont la France est fière,
M. le comte de Gasparin, a donné [1] des formules
nombreuses d'assolements qui peuvent être appropriés
aux diverses situations culturales; il est donc inutile
d'y revenir. Nous dirons seulement qu'au début d'une

---

[1] *Cours d'agriculture*, tome V.

entreprise, un agriculteur doit s'être tracé une règle
de conduite, établie avec le plus grand soin, sur la
marche à suivre dans la rotation des cultures ; les
erreurs commises à ce sujet peuvent amener des
retards sérieux dans le succès d'une entreprise et
même en compromettre tout à fait l'avenir.

Un des principaux écueils à éviter, c'est de vouloir
établir des comptes de culture inflexibles, et représentant, pour ainsi dire, la réalité des faits. Rien ne varie
plus, effectivement, que les comptes de culture dans
une même année suivant les exploitations, et dans une
même ferme suivant la nature et la fertilité du sol.
L'une des grandes difficultés des comptes de culture
consiste précisément à déterminer avec certitude l'état
de fertilité du sol. A l'origine d'un assolement, on met
dans la terre une certaine quantité d'engrais destiné
à l'entretien des diverses plantes qui doivent s'y suc-
céder ; les plus habiles agriculteurs sont incapables
d'évaluer d'une manière exacte la part de fumure
que prend chacune d'elles ; il faudrait procéder à des
essais et à des analyses le plus souvent impossibles à
exécuter ; les seuls comptes que l'on puisse établir avec
certitude sur la répartition de la fumure dans la sole
sont donc le plus souvent arbitraires. On comprend,
dès lors, combien il est difficile de donner des règles
absolues à ce sujet.

Il faut cependant suivre, pour établir des comptes de culture approximatifs, des principes qu'il est important de connaître. Chaque nature de récoltes demande un certain nombre de travaux que l'on peut évaluer à peu de chose près. Prenons comme exemple le compte de culture d'un hectare de blé.

Une telle culture devra supporter, en premier lieu, les frais généraux incombant à toutes les terres de l'exploitation, c'est-à-dire le loyer du sol, les impôts et l'intérêt du capital d'exploitation. Il faudra ensuite diviser les dépenses inhérentes à la culture même du blé en dépenses fixes et en dépenses variables. Les premières sont les labours, les hersages, les semences, le travail d'ensemencement, les roulages; les secondes comprennent les fumures, les dépenses de moisson, de rentrée et de battage qui varient suivant l'abondance de la récolte. Les produits sont, d'une part, le grain, et d'autre part, la paille. Pour que la culture du blé soit lucrative, il faut que la somme des produits soit supérieure à celle des dépenses qui viennent d'être énumérées. La différence entre la somme des dépenses, c'est-à-dire le prix de revient, et la somme des produits, c'est-à-dire le produit brut, représente le produit net pour l'exploitant et la juste rémunération de ses capitaux et de son travail. Il semblerait, de prime abord, que le bénéfice ne dût pas varier d'une

façon sensible. Or, rien n'est plus fréquent, à cause de
la variation des récoltes et en raison même des dépenses plus ou moins grandes que fait l'exploitant en
achat d'instruments ou d'engrais. On a calculé que le
prix moyen de revient du blé en France oscille entre
12, 13 et 15 fr. par hectolitre. Il existe de grands
écarts en dehors de ces moyennes, et, chose qui paraît
paradoxale au premier abord, ce sont les cultures les
plus avancées dont les prix de revient sont les plus
élevés ; mais aussi les rendements y sont beaucoup
plus considérables. Pour n'en citer qu'un exemple,
nous rappellerons que, dans une période de dix ans, la
ferme de Masny, qui a remporté la première prime
d'honneur du département du Nord, a vu ses
prix de revient du blé osciller entre 11 fr. 84 par
hectolitre et 28 fr. 63. C'est une variation du simple
au double.

Le compte de chaque plante cultivée sur l'exploitation s'établit comme celui du blé. On estime que le
sol possède une fertilité connue au début de l'entreprise, puis on fait reposer sur cette base les premières
évaluations.

Veut-on savoir si la fertilité du sol doit être répartie d'une manière différente, on dresse alors un
deuxième compte qui permet de constater si, en théorie, une deuxième combinaison présentera plus

d'avantages que la première. Enfin, pour déterminer
si l'on doit faire au sol des avances en vue de l'améliorer, on prépare un troisième compte qui permet
d'évaluer, en plus des précédents, les excédants de
récoltes que l'on obtiendra de ces avances ; on appren-
dra ainsi si ces avances offrent des avantages réels,
et en combien de temps on peut en espérer la réalisation. En résumé, pour être fixé sur la règle de conduite à adopter dans l'organisation des cultures, il est
indispensable de dresser au moins les trois comptes
qui viennent d'être définis.

Mais il ne suffit pas de déterminer la nature des
plantes qu'on doit introduire dans l'assolement ; il
faut encore fixer avec précision l'étendue à donner à
chacune d'elles. Pour résoudre cette nouvelle question, on place en première ligne les plantes qui
donnent les plus grands bénéfices, et on leur consa-
cre la plus grande surface possible, tout en tenant
compte des conditions de mains-d'œuvre, de débouchés et de fertilité.

Une autre condition importante à remplir, dans un
bon système de culture, consiste à réserver aux plantes fourragères une étendue suffisante pour maintenir
le niveau de fertilité du sol et pour créer ainsi les
engrais nécessaires aux plantes à produits exportables.
Le système de culture doit même tendre à élever ce

niveau de fertilité ; car, comme le dit un vieux pro-
verbe d'une application peut-être plus vraie en agriculture qu'en toute autre chose : ne pas avancer,
c'est reculer. Il faut donc non seulement rendre au
sol, par le fumier de ferme ou par les engrais commerciaux, les principes fertilisants enlevés par les
récoltes, mais on doit encore lui en apporter une
plus grande quantité. L'observation a prouvé, en
effet, que la terre a besoin, pour donner de hauts
rendements, d'avoir, en quelque sorte, une réserve
de fertilité, qui ne devient assimilable qu'à la longue
par les plantes cultivées.

Lorsque nous avons énuméré les éléments d'un
compte de culture d'un hectare de blé, nous avons vu
que les dépenses s'élevaient proportionnellement à
l'étendue cultivée; les bénéfices croissent, au contraire,
en raison des rendements obtenus. En effet, supposons deux hectares de blé cultivés de la même façon,
et produisant l'un 20 et l'autre 25 hect. de blé au
prix de revient de 15 francs. Le premier champ
donnera, défalcation faite de la paille, un produit
brut de 400 fr. si l'hectolitre de blé est vendu 20 fr.;
le deuxième champ donnera au même taux un produit
brut de 500 fr. ; le bénéfice de l'exploitant s'élèvera
dans le premier cas à 100 francs, et dans le deuxième
à 125 francs. Cet exemple suffit pour montrer qu'il

vaut mieux bien cultiver un hectare que d'en cultiver médiocrement deux.

Les divers comptes de culture étant bien établis, on doit déterminer ensuite l'étendue à consacrer dans l'exploitation aux plantes dont les produits sont exportés. Pour cela, on divise la quantité de fumier qu'elles absorbent par la quantité de fumier produite par les animaux.

Une des questions les plus délicates à résoudre entre toutes celles qui font l'objet de ce chapitre, c'est le prix de revient des cultures fourragères. Ce compte se confond, en grande partie, avec celui des étables, bergeries et écuries. Les frais des récoltes fourragères sont faciles à évaluer ; mais il n'en est pas de même de leurs produits. Ceux-ci se composent, en effet, de l'accroissement de poids des animaux, de leur entretien, du travail qu'ils fournissent et du fumier qu'ils produisent. Or, il y a là beaucoup d'éléments qui, plus encore que pour les cultures ordinaires, varient suivant leur importance relative, suivant les exploitations et suivant les années. Mais dans tous les cas, une chose à laquelle le cultivateur doit veiller avec soin, c'est de se garder d'estimer la valeur des foins consommés par les animaux, aux taux des marchés; il y aurait là, pour lui, une source d'erreurs dangereuses qui pourraient le tromper d'une manière complète sur la marche de son exploitation.

Pour être bien éclairé sur les résultats d'une entreprise de culture, il importe d'établir, au préalable, les comptes d'un assolement transitoire. Dans ce but, on doit dresser autant de comptes de culture qu'il y a d'années dans l'assolement.

En résumé, le point capital en agriculture consiste à tendre vers la suppression des jachères , par une plus grande extension des récoltes vertes ; pour cela, le chef de culture ne doit pas craindre d'augmenter, quand il le peut, son capital d'exploitation. Les agriculteurs marchent aujourd'hui dans cette voie. La région du sud-ouest qui, jusqu'à ces derniers temps, ne connaissait d'autres cultures que celles des plantes exportables, en donne actuellement des exemples frappants. Ainsi , l'exploitation primée au dernier concours régional de 1870, dans le département de Lot-et-Garonne, comptait, en 1869 , les trois quarts de son assolement en plantes fourragères. Ces cultures se subdivisaient comme suit :

	Hectares.
Froment..............	5 03
Avoine...............	2 47
Légumes, jardins......	0 46
A reporter. , . . .	7 96

Report	7	96
Prairies naturelles	7	65
Luzerne.	4	»
Sainfoin.	2	16
Trèfle.	2	89
Vesces.	1	80
Maïs-fourrage.	2	34
Betteraves et racines. . . .	1	97
TOTAL.	30	77

Sur d'autres exploitations, on estime aujourd'hui à 50 pour 100 et au-delà la proportion des terres consacrées aux prairies et aux plantes fourragères. Pour atteindre un tel résultat, il faut avoir à sa disposition, nous ne l'ignorons pas, un capital d'exploitation qui n'est pas à la portée de tous les agriculteurs. Aussi n'avons-nous cité ces exemples que pour indiquer la voie à suivre ; il faut, lorsqu'on veut transformer un système de culture, marcher avec lenteur et proportionner les dépenses aux ressources dont on dispose. Mais on ne doit jamais oublier que l'extension des cultures fourragères permet d'augmenter sensiblement la masse des fumiers et assure l'élévation des produits pour les autres récoltes.

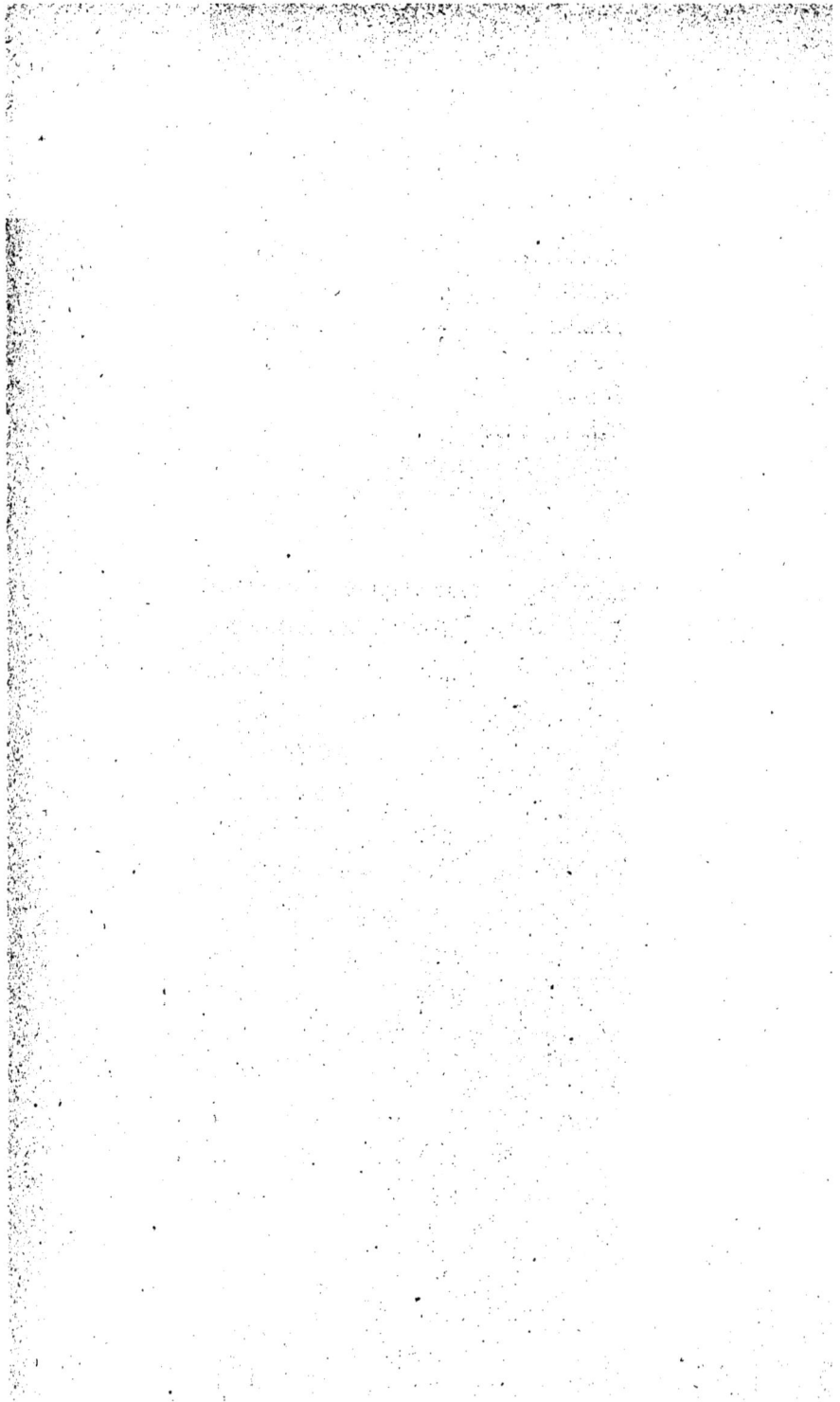

CHAPITRE II.

———

DES ENGRAIS ET DE LEUR EMPLOI.

L'engrais est le grand levier de l'agriculture ; aussi cette question a-t-elle été longtemps l'objet de la préoccupation des cultivateurs. Nulle autre n'a donné lieu à des controverses aussi nombreuses. Nous ne suivrons pas les chimistes et les agronomes dans ces longues discussions ; nous ne rechercherons pas, avec M. Ville, s'il est possible d'obtenir telle ou telle récolte à l'aide d'éléments déterminés, comme ailleurs on fabrique les produits industriels ; nous n'examinerons pas davantage s'il est possible de se passer, comme le prétend le docteur Schneider, d'engrais complémentaires, pas plus que nous ne suivrons Liebig dans les longues dissertations scientifiques où il a cherché à établir que les cultures intensives, considérées à un point de vue général, doivent amener l'appauvrissement du sol, si on ne lui restitue pas d'une façon complète les divers éléments qui lui sont enlevés par les récoltes. Nous nous tiendrons dans une sphère moins élevée, en nous efforçant de donner un résumé simple et précis des faits acquis par la science à l'agriculture. Ce point, une fois établi, nous étudierons si même il y a avantage à acheter et à utiliser des engrais d'une provenance étrangère à l'exploitation.

Les plantes qui naissent, grandissent et fructifient à la surface de la terre, lui demandent les principes dont leurs tissus sont constitués et se les assimilent sous l'influence de la chaleur et de la lumière, par la double action de l'absorption des racines et de la respiration des feuilles. Les plantes adventices restituent au sol, par leurs débris, la majeure partie des éléments qu'elles lui ont empruntés, et c'est ainsi que s'explique la fécondité presque infinie des terres vierges non soumises au travail de l'homme. Mais il en est bien autrement pour les plantes cultivées. Celles-ci sont enlevées, en totalité ou en partie, du sol qui les a nourries, et leurs produits, portés ailleurs, ne reviennent pas rendre à la terre ce qu'ils lui ont pris. Il en résulte un appauvrissement graduel du sol, appauvrissement d'autant plus rapide qu'on lui demande de produire des récoltes plus nombreuses et plus abondantes. De là aussi, pour le cultivateur, la nécessité d'avoir recours aux engrais pour restituer aux champs les principes perdus. Cette vérité est aujourd'hui presque unanimement reconnue, et ne rencontre plus que de rares contradicteurs.

Pour produire un effet réellement utile, les engrais doivent être appropriés, d'abord au sol sur lequel on les répand, ensuite et surtout aux plantes que l'on cultive. Toutes les plantes, en effet, n'empruntent pas indistinctement les mêmes principes et dans des proportions égales au sol qui les porte. Il faut donc, en quelque sorte, les consulter pour connaître les éléments dont la terre a besoin après les diverses récoltes. Les savants les plus éminents, auxquels on doit depuis cinquante ans la création de la chimie agricole : Chevreuil, Boussingault, Dumas, Payen, Liebig, de Saussure, de Gasparin, Barral, etc., ont, par leurs travaux, éclairci cette question. On sait aujourd'hui, grâce à leurs découvertes, que les corps enlevés à la terre en plus grandes quantités par les récoltes, et qu'il est, par conséquent, absolument nécessaire de lui restituer sont :

1° L'azote ;

2° L'acide phosphorique ;

3° La potasse.

Des recherches ont été faites sur les principaux éléments enlevés au sol par les récoltes ; nous allons résumer dans le tableau suivant les résultats de ces recherches. Les chiffres de chaque colonne indiquent, en kilogrammes, les quantités d'azote, d'acide phosphorique et de potasse, pris au sol, par 100 kilogrammes de récoltes.

	Azote.	Acide phosphorique.	Potasse.
Grains et graines.	kil.	kilog.	kil.
Froment.	2.08	0.82	0.55
Seigle.	1.76	0.82	0.54
Orge.	1.52	0.72	0.48
Avoine.	1.92	0.55	0.42
Maïs.	1.60	0.55	0.33
Sarrasin.	1.44	0.44	0.21
Colza.	3.10	1.64	0.88
Lin.	3.20	1.30	1.04
Chanvre.	2.62	1.75	0.97
Pois.	3.60	0.88	0.98
Vesces.	4.40	0.80	0.63
Fèveroles.	4.08	1 16	1.20
Pailles, fourrages, tiges, feuilles.			
Foin de prairie. . .	1.31	0.41	1.70
Trèfle blanc. . . .	2.38	0.85	1.06
— rouge. . . .	2.13	0.56	1.95
Luzerne.	2.30	0.51	1.52

	Azote.	Acide phosphorique.	Potasse.
	kil.	kilog.	kil.
Vesces.	2.37	0.95	3.09
Paille de froment.	0.32	0.23	0.50
— de seigle. .	0.24	0.20	0.76
— d'orge. . . .	0.48	0.20	0.93
— d'avoine . .	0.40	0.18	0.75
— de maïs. . .	0.48	0.38	1.65
— de sarrasin.	1.30	0.61	2.41
— de pois. . .	1.05	0.38	1.07
— de fèveroles.	1.05	0.40	2.59
— de colza. . .	0.30	0.17	0.97
Tiges de lin. . . .	0.75	0.43	1.20
— de chanvre .	0.80	0 50	0.52
Racines.			
Betteraves	0.18	0.11	0.42
Pommes de terre.	0.32	0.18	0.55
Topinambours. . .	0.32	0.16	0.67
Navets.	0.18	0.11	0.30
Carottes.	0.20	0.11	0.32

De tous les engrais, le fumier de ferme est celui qui renferme sous la forme la plus utile les principes nécessaires à la végétation. On peut même dire qu'il est le seul engrais complet, c'est-à-dire possédant

tous les éléments indispensables à la vie des plantes.
Mais la production du fumier est aujourd'hui restreinte
dans le plus grand nombre des exploitations rurales,
et elle est loin de suffire aux besoins toujours croissants de la culture qui, comme nous l'avons déjà dit,
tend à demander à la terre des récoltes de plus en
plus abondantes.

Les agriculteurs sont donc forcés, pour atteindre un
haut degré de production, d'avoir recours à d'autres
engrais. Le commerce leur en fournit aujourd'hui de
grandes quantités, sans pouvoir toutefois satisfaire à
toutes les exigences de la consommation. Quelques-uns
de ces produits sont excellents ; d'autres, il faut le
dire, laissent quelquefois à désirer, en raison de leur
composition défectueuse et de la sophistication dont
ils sont l'objet. Il ne suffit pas, en effet, de donner
l'épithète d'engrais à un corps dans lequel l'analyse
chimique constate la présence des éléments nécessaires aux plantes ; il faut avant tout que ces éléments se
trouvent engagés dans ces composés, selon des combinaisons telles qu'ils soient facilement assimilables
par les végétaux et puissent produire tout l'effet utile
qu'on est en droit d'en attendre. L'abondance des
récoltes dans un sol, l'expérience l'a prouvé, est en
rapport, non pas avec la fertilité du sol, mais avec

l'élément le moins abondant dont elles peuvent avoir besoin, et qui s'y trouve renfermé.

Il est donc de la plus haute importance de déterminer quels sont les engrais commerciaux susceptibles de donner une plus grande activité à la végétation. Or, pour les praticiens, ce sont les plantes elles-mêmes qui peuvent répondre le mieux à cette question, selon leur mode de végétation et selon l'action plus ou moins énergique des agents fertilisants. Les essais des engrais, faits sur une échelle sérieuse et par des agriculteurs habiles, établiront l'utilité relative des uns et des autres ; ils fourniront des indications infiniment plus profitables à l'agriculture que des conceptions théoriques, plus ou moins spécieuses, dont sont souvent victimes ceux qui leur donnent une trop grande confiance. D'un autre côté, c'est un fait aujourd'hui bien établi que les produits naturels, tels que les phosphates et la marne, rendent dans la plupart des circonstances de plus grands services, au double point de vue de l'augmentation des récoltes et de leur prix de revient, que les composés préparés industriellement, qui sont presque toujours plus réfractaires à l'influence des agents atmosphériques.

Dans le Midi, on n'a encore fait jusqu'ici que peu d'essais sur les engrais ; les agriculteurs de la région septentrionale de la France sont plus avan-

cés de ce côté. Durant ces dernières années, les expériences ont été multipliées dans cette région ; on a
ainsi résolu bien des questions restées obscures jusqu'à ce moment. Aucune plante n'a été soumise à
autant d'essais que la betterave ; nous en citerons
quelques-uns pour faire connaître la voie à suivre, et
par là même les procédés à employer pour les plantes spéciales à d'autres localités.

On sait que, pour approvisionner leurs usines des
quantités de betteraves nécessaires, les fabricants de
sucre font des traités avec les cultivateurs ; par ces
traités, ils s'engagent à prendre les betteraves à un
prix déterminé, mais à condition que les cultivateurs
s'engagent à leur tour à en livrer une quantité dont le
minimum est fixé. Or, dans ces dernières années, des
difficultés assez grandes s'étaient élevées entre les
cultivateurs et les fabricants, au sujet du rendement
en sucre et de la forme des betteraves ainsi livrées.
On fut donc amené, de part et d'autre, à faire des
essais pour déterminer les lois du développement des
racines de betteraves. Les premières expériences por-
tèrent sur l'influence de la forme de la racine relativement à la richesse saccharine de la plante ; ces
expériences prouvèrent qu'une betterave très-sucrée
n'est pas nécessairement difforme, mais qu'elle est
pourvue de radicelles abondantes et de feuilles nom-

breuses, sinon très développées. Un tel état devait
cependant amener la déformation des racines ; pour
obvier à cet inconvénient, on a conseillé la culture
serrée. Les radicelles se trouvant ainsi rapidement en
contact avec celles des plantes voisines, ne prennent que peu de développement, tandis que le pivot
acquiert un accroissement considérable ; d'un autre
côté, les racines deviennent longues et minces, sans
qu'il y ait déformation du collet. La culture serrée
paraît donc, dans ces conditions, avantageuse pour
toutes les variétés et même indispensable pour celles
qui doivent produire des sucres.

Quant à l'influence de la nature de la graine, des
engrais et des modes de culture, elle a été déterminée
par un grand nombre d'essais ; nous citerons notamment ceux de la Société d'agriculture de Compiègne
et de la station agronomique d'Arras.

A Compiégne, l'influence de la graine, en ce sens
qu'elle diminue ou augmente le poids des betteraves
par hectare, a été démontrée d'une manière incontestable ; cette influence se manifeste aussi sur la richesse en sucre des racines. La graine produisant le
maximum de rendement en poids, est généralement
celle qui donne le minimum de richesse saccharine et
réciproquement ; mais entre ces variétés, il en est qui
donnent de bons résultats moyens, à la fois en poids

et en sucre. Les graines riches en sucre donneront
des rendements relativement élevés lorsque les betteraves seront rapprochées et cultivées sur des terrains
labourés profondément et largement fumés ; le rendement diminue au contraire de moitié, si les terres sont
moins riches et moins bien préparées. Quant à l'action
des engrais, on a trouvé qu'elle variait beaucoup
suivant la nature du sol et les variétés de betteraves ;
les matières azotées, par exemple, ont augmenté le
rendement en poids au détriment de la richesse en
sucre, les phosphates, au contraire, ont accru la richesse saccharine sans modifier beaucoup le poids.
Les expériences faites sur le mode de culture des betteraves ont prouvé que l'écartement à 30 centimètres
sur la ligne donnerait autant de poids qu'à 25 centimètres, que l'écartement à 25 centimètres diminuerait
le rendement, mais qu'à 45 centimètres la production
en poids se ferait sentir d'une manière sensible. Il
faut toutefois faire remarquer que le rapprochement
des plants occasionne un surcroît de main-d'œuvre au
moment de l'arrachage, et devient par cela même un
peu plus dispendieux.

Les résultats obtenus par la station agronomique
d'Arras sont de diverses natures ; ils ont démontré
que la qualité de la graine, l'écartement des lignes et
celui des racines dans les lignes, la constitution du

sol, les engrais, étaient autant de causes qui, tout en modifiant la nature et la quantité des produits, n'agissent pas avec la même intensité ; l'influence de la culture, par exemple, serait plus grande que celle de la graine, mais celle des engrais devrait être mise au premier rang. Nous n'entrerons pas dans de plus longs détails sur les règles de conduite qui ressortent de ces expériences ; ils seraient superflus ici. Ce que nous avons voulu indiquer, c'est le principe même, à savoir l'enseignement que l'on peut tirer d'expériences bien faites et sérieusement contrôlées sur la valeur des divers engrais et le rôle qu'ils jouent dans la végétation des récoltes, suivant les circonstances où on les emploie. Des expériences longues et répétées peuvent seules faire connaître l'importance des engrais pour la production et l'accroissement des récoltes.

Les essais sur les engrais complémentaires, disons-le avant d'en finir avec ce sujet, ne doivent pas faire oublier l'intérêt que les agriculteurs doivent porter à leurs fumiers. Non-seulement le fumier de ferme est le premier de tous les engrais, mais son emploi maintient le sol dans un état de division, de richesse en humus, favorable à toutes les récoltes. L'agriculteur qui ne soigne pas son fumier est semblable à l'homme qui jetterait de gaieté de cœur ses richesses à tous les vents ; chaque parcelle perdue de fumier à l'état so-

lide ou liquide représente une disparition d'une partie
de la richesse de l'exploitant, et des matières premières de ses récoltes.

Nous venons de voir comment l'étude des plantes
cultivées permet de reconnaître la valeur des différents
engrais dans les circonstances diverses que rencontre
l'agriculteur. Ce problème résolu, il s'en présente un
nouveau non moins important. A quel prix le cultivateur peut-il acheter les engrais complémentaires ou
même le fumier ? De combien ses récoltes et ses bénéfices en seront-ils accrus ?

Afin de mieux étudier ce côté du problème, nous
prendrons un exemple, et nous supposerons trois propriétés douées d'une fertilité différente et produisant
en moyenne, l'une 20 hectolitres de blé par hectare,
la seconde 15 et la troisième 10, et nous établirons
leurs comptes en dépenses et profits.

Dans la première exploitation, les frais de culture
pourront s'élever à 220 fr. de dépenses relatives à
l'étendue, soit ici un hectare (labours, hersage, semences, impôt, etc.), et à 4 fr. par hectare de blé
produit, comme dépenses proportionnelles à la récolte (20 × 4 = 80 fr.), plus à un intérêt de 6 pour
100 pour service des capitaux engagés dans l'entreprise (300 fr. à 6 pour 100 = 18 fr.) Le total des
dépenses sera donc de 318 fr. Estimons maintenant

les produits et donnons à l'hectolitre de blé une valeur de 20 fr. et à la paille une valeur de 3 fr. les
100 kilog. En admettant que le rapport de la paille
au grain soit comme 2 est à 1, la valeur du grain sera
de 400 fr. (20 hectolitres × 20 fr. = 400); celle de
la paille, si l'on suppose à l'hectolitre de blé un poids
de 78 kilo., sera de 93 fr. 60 (3,120 kilog. de paille
à 3 fr. les 100 kilog. = 93 fr. 60); le produit total
en argent s'élevera alors à 493 fr. 60.[1] Si l'on ap-
précie, d'après les dosages en azote, l'épuisement de
la récolte à 600 kilog. d'engrais par 100 kilogrammes
de produits, et si l'on tient compte d'un intérêt de
6 pour 100 en faveur des capitaux engrais, on pourra
résumer toutes les données précédentes en une seule
formule qui affectera la forme suivante :

$$400 + 93.60 = 220 + 80 + 6 + \left(\frac{220 + 80}{100}\right) + E + \frac{6\,E}{100}$$

Tout calcul effectué, on trouve que dans le cas actuel la valeur de l'engrais E égale 164 fr. 50, soit
17 fr. 57 par 1,000 kilogrammes. Cette façon de procéder est celle du prix de revient dite à coefficient ;
elle est préférable à toute autre en ce qu'elle présente

---

[1] Les différents chiffres présentés ici sont variables suivant les
conditions économiques de chaque propriété ; ils ne doivent, par conséquent, être considérés que comme des moyens de démonstration.

l'avantage de répartir également les bénéfices entre
tous les éléments de la production.

Si maintenant l'on examine le deuxième cas supposé, celui d'une culture ne produisant en moyenne
que 15 hectolitres de blé par hectare, on arriverait,
en suivant la marche déjà indiquée, aux résultats suivants : frais de culture par hectare, 220 fr.; dépenses
en rapport avec les produits, 60 fr.; service des capitaux engagés, à 6 p. 100, 16 fr. 80 ; soit, en tout,
296 fr. 80. Produits : 1,170 kilog. de grains à 20 fr.
les 78 kilog. et 2,340 kilog. de paille à 3 fr. les
100 kilog.; soit, en tout, 370 fr. 20. En suivant les
mêmes calculs que pour le premier cas, on trouverait
qu'avec une fertilité de 15 hectolitres de blé par
hectare, la culture paie 9 fr. 97 les 1,000 kilogrammes d'engrais.

Enfin, dans la troisième supposition, celle d'un produit de 10 hectolitres de blé à l'hectare, les frais
d'exploitation et autres s'élèveraient à 257 fr. 60,
tandis que les produits ne dépasseraient pas le chiffre
de 246 fr. 80. Dans ce dernier cas, l'épuisement du
sol serait de 4,680 kilog., et les 1,000 kilog. d'engrais ne représenteraient plus que l'équivalent d'une
perte de 5 fr. 83 sur la culture.

De ces calculs, il résulte qu'un propriétaire ache-
tant au prix de 10 fr. les 1,000 kilog., soit des fu-

miers au dehors, à la ville voisine, par exemple, ainsi
que cela a lieu quelquefois, soit des engrais de commerce en proportions équivalentes par leur dosage et
leur prix de vente, aurait fait une bonne opération
dans le premier cas, et se serait exposé, au contraire,
à de pénibles mécomptes s'il se fût trouvé dans des
conditions identiques à celles de la troisième supposition.

Ces deux faits démontrent, une fois de plus, par des
chiffres un des grands principes de l'économie rurale :
l'avantage des produits maxima et de la concentra-
tion des forces et des capitaux sur les mêmes parcelles de terres. Etendre les cultures, c'est accroître
les dépenses en travail, tandis que les quantités de
produits demeurent proportionnelles à l'engrais ou
plutôt à la fertilité du sol.

Cette règle trouve une application spéciale lorsqu'il
s'agit de terrains pauvres ; elle prouve effectivement qu'il ne suffit pas d'enfouir, à l'aide de capitaux, des quantités considérables d'engrais dans un
sol improductif pour arriver immédiatement à une
période de grande production et de bénéfices. Le
niveau de fertilité d'un terrain pauvre ne s'améliore,
comme on le sait, que graduellement ; faire des
avances d'argent dans de telles conditions, c'est s'exposer à de grosses dépenses qui ne peuvent trouver

ensuite une rémunération suffisante dans les produits. Mieux vaut en pareille circonstance porter tous ses efforts sur les meilleurs fonds de l'exploitation et avoir recours à l'action gratuite et bienfaisante de la nature pour les portions moins riches, soit par des jachères bien entendues sur les terres fortes, soit par le pâturage sur les terrains légers et assez humides pour être engazonnés, soit enfin par le boisement pour les sables secs et arides. Ce procédé d'amélioration peut sembler long ; mais, du moins, il agit à coup sûr et n'expose à aucun mécompte.

Le système qui est basé sur l'achat d'engrais étrangers porte le nom de culture avec importation d'engrais; quand l'exploitation suffit à ses propres besoins, le système de culture est alors appelé système de culture avec production et consommation d'engrais. Mais, quelle que soit la méthode adoptée par le cultivateur, l'avenir de son exploitation dépendra toujours de l'emploi judicieux des matières fertilisantes, car on peut dire, sans être taxé d'exagération, que l'engrais est le pivot de la production agricole. L'attention des agriculteurs doit donc porter d'une manière particulière sur le bon aménagement des fumiers de ferme.

Bien que les vérités exposées plus haut appartiennent depuis longtemps au domaine public, il est vraiment étonnant de voir la somme de fertilité perdue annuellement, dans les villes comme dans les campagnes, par la négligence des cultivateurs, alors que des soins faciles et peu coûteux suffiraient pour prévenir cette déperdition. Nous allons donner, afin de mieux faire comprendre l'importance de ces soins, quelques indications sur la manière dont les engrais se comportent dans la terre.

Les récoltes, comme nous l'avons dit au commencement de ce chapitre, enlèvent au sol certains principes qu'on est obligé de lui restituer, sous peine de voir constamment diminuer son degré de fertilité. Le fumier de ferme n'a pas seulement pour but de restituer ces principes et de donner une nourriture plus abondante à la plante, mais encore il modifie le sol et rend plus facilement assimilables par les végétaux, les éléments de fertilité qui y sont renfermés. Une des conditions essentielles de la vie des plantes est de trouver tous les éléments nutritifs dont elles ont besoin, à l'état de dissolution, autour de leurs racines. L'eau devient donc un agent indispensable à leur végétation et d'autant plus nécessaire que celle-ci est plus active. Ce fait amène à dire que, pour être efficaces, les éléments de fertilité doivent être plus ou moins solubles dans l'eau, et que leur rapidité d'action dépend de leur degré de solubilité. Cet état de solubilité est d'ailleurs activé par l'influence des agents atmosphéri-

ques, de la chaleur, de l'électricité et de toutes les
forces encore peu connues dont l'effet lent modifie
peu à peu la croûte terrestre.

Tous les corps animaux et végétaux se distinguent
par la présence des quatre principes élémentaires suivants : oxygène, hydrogène, carbone et azote. L'hydrogène et l'oxygène sont fournis aux plantes par l'eau
et l'air atmosphérique ; le carbone leur vient également de l'atmosphère. Il ne reste plus que l'azote.
Ce dernier élément constitue, à la vérité, les quatre
cinquièmes de l'air, mais les plantes ne peuvent pas
se l'approprier directement. Il faut donc le leur
transmettre par d'autres moyens. On a alors recours
aux engrais qui le leur apportent sous forme d'ammoniaque, de nitrates ou de matières organiques.
L'azote est différemment assimilé sous ces trois formes, parce que ces composés présentent des degrés
divers de solubilité. Mais, abstraction faite de ces
différences, on peut dire d'une façon générale que
la richesse d'un engrais dépend surtout de son dosage
en azote, c'est-à-dire de la proportion qu'il renferme
de ce corps simple. Cette définition n'est pas rigou-
reusement exacte ; il vaudrait peut-être mieux dire
que la richesse dépend surtout des principes immédiats azotés, ou, en d'autres termes, des combinaisons selon lesquelles l'azote se trouve engagé dans

l'engrais. Prenons un exemple : le sulfate d'ammoniaque contient 20 pour 100 d'azote, et les chiffons de
laine n'en renferment que 10 à 12 pour 100. La valeur
du sulfate d'ammoniaque, comme engrais, sera non-
seulement plus du double de celle des chiffons de
laine, mais elle sera au moins quadruple, parce que
le sulfate d'ammoniaque est moitié plus soluble que les
chiffons.

Comme on compare presque toujours la valeur des
engrais de commerce à celle du fumier de ferme, il
est important de déterminer la valeur du fumier au
point de vue de l'azote.

Le fumier, chacun le sait, est formé par les litières
des étables. Suivant la nature des animaux auxquels
ces litières ont servi, on classe les fumiers en fumiers
de bœuf, de cheval, de mouton et de porc. Il faut joindre encore à cette première catégorie le fumier de la
basse-cour, qui prend le nom de poupaille quand il
provient des animaux de l'espèce galline, et de colombine quand il est produit par les pigeons. Ces divers
engrais possèdent des qualités et des propriétés différentes, bien connues de tous les agriculteurs et sur
lesquelles nous n'avons pas à revenir.

Considérés dans leur ensemble, les excréments des
animaux contiennent environ 0.587 p. 100 d'azote
qui constituent la partie essentielle des fumiers.

La litière a uniquement pour but de les conserver
et de s'en imprégner pour les emmagasiner en quelque sorte ; elle est ordinairement formée par de la
paille. Quand cette substance vient à manquer, on
peut employer avec succès de la marne, de la terre
végétale préalablement séchée à l'air, des feuilles, etc.
La paille présente, sur toutes les autres matières, l'a-
vantage d'absorber, sous un moindre volume, une
plus grande quantité de substances liquides.

Voici la valeur relative des diverses espèces de
pailles et des autres substances employées comme litières.

Les chiffres qui suivent ont été déterminés avec soin
par les chimistes agricoles ; ils indiquent, en kilogrammes, les quantités des différentes substances
pouvant remplacer, comme litière, 100 kilogrammes
de paille de blé : [1]

Paille de blé   .   .   .   .   .   100 kilogrammes.
— d'orge   77   —
— d'avoine   96   —
— de colza   110   —

---

[1] Ces chiffres ont été donnés pour la première fois par M. Boussingault ; ils ont été reproduits depuis par tous les auteurs qui se sont
occupés de cette question.

Feuilles de chêne tombées. .	136 kilogrammes.
Bruyère.	220 —
Terre végétale séchée à l'air.	440 —
Marne	550 --
Sable quartzeux.	880 —

Quelle que soit la nature de la litière employée, les cultivateurs doivent donner le plus grand soin à la préparation du fumier. Nous ne pouvons mieux faire ressortir cette nécessité qu'en citant les paroles d'un grand maître en fait d'économie rurale, M. Boussingault : « Les cultivateurs, même les plus intelligents, se préoccupent bien plus de la production que de la conservation du fumier ; cependant, en cette matière comme en beaucoup d'autres, conserver c'est produire. N'est-il pas, en effet, de la dernière évidence que si par des soins convenables on parvient à empêcher qu'il se perde le quart, la moitié des agents fertilisants sortis des étables, c'est, au point de vue de l'économie des engrais, exactement comme si l'on augmentait dans les mêmes proportions les animaux de rente. En d'autres termes, c'est obtenir plus de fumier de la même quantité de fourrages. » La préparation rationnelle des fumiers est donc une des choses qui doivent le plus préoccuper les agriculteurs désireux de retirer le plus haut profit de leurs terres. Com—

bien d'entre eux négligent cependant de prendre tous
les soins nécessaires à la bonne confection des fumiers. La litière, après avoir été enlevée des étables,
est déposée d'habitude, et sans autre précaution, sur
la partie supérieure du tas de fumier où elle doit
séjourner jusqu'au moment de son emploi. Le liquide,
emporté par la litière et qui n'a pas été absorbé, filtre
à travers le tas, tombe à la partie inférieure et va se
perdre au loin. En outre, le tas de fumier, exposé à
l'air, est lavé par la pluie qui dissout et entraîne une
partie des matières fertilisantes. L'eau de pluie, ainsi
chargée de matières utiles, se mêle au purin, et le
plus souvent le tout s'écoule ou dans une mare ou
dans des fossés. Il y a ainsi déperdition d'une quantité
relativement considérable d'engrais.

Cette déperdition n'est pas la seule; il en existe une
autre encore plus préjudiciable qui se produit à l'intérieur même des étables. Le sol, habituellement formé
de terre mal battue, subit des dépressions par suite
du piétinement des animaux. Il en résulte des sortes
d'excavations qui laissent filtrer les engrais liquides
au dehors.

L'agriculteur soigneux doit donc établir sur son
exploitation, pour prévenir d'aussi graves inconvénients, soit une fosse à fumier, soit une plate-forme,
et veiller à la bonne organisation de ses étables.

Les règles générales concernant l'établissement d'une fosse à fumier ont été indiquées depuis long-temps ; elles peuvent être résumées dans les quatre points suivants :

1° Le purin doit être rassemblé dans un réservoir étanche, afin que l'on puisse à volonté le verser sur la masse du fumier ;

2° Les eaux courantes extérieures doivent être écartées avec soin du tas de fumier ;

3° L'emplacement du tas de fumier devra avoir une étendue suffisante pour qu'on ne soit pas obligé d'entssser les matières sur une trop grande hauteur ;

4° Les abords du tas de fumier doivent être facilement accessibles aux voitures.

A ces principes généraux nous ajouterons quelques observations qui nous paraissent fort importantes. L'emplacement destiné au tas de fumier doit être préparé avec soin et de façon à être très peu perméable à l'humidité. Chaque jour, en retirant la litière des étables, on la répartira avec méthode sur la surface, en laissant un vide au centre même du tas. Si l'on a eu soin de donner une forme légèrement concave au sol, le purin se rassemblera au fond de cette cavité. Il sera ainsi très facile de puiser le liquide, à l'aide d'une pompe, pour arroser le fumier. Cette opération, in-dispensable en été afin d'activer la fermentation du

fumier, devient nécessaire au moment où il faut enlever le tas pour le transporter dans les champs.

Au lieu de creuser une excavation pour renfermer le
fumier sortant de l'étable, on prépare souvent, dans
ce but, une plate-forme à surface étanche, inclinée
vers le centre ou vers l'un des côtés. Cette méthode
est excellente, mais elle demande, comme la précé-
dente, l'établissement, au centre ou sur l'un des côtés
de la plate-forme, d'une cavité destinée à recevoir le
purin et à faciliter l'arrosage du tas. Le principal
avantage de la plate-forme consiste à pouvoir mettre
le tas de fumier à l'abri des eaux courantes extérieures
qui, avec les autres dispositions, viennent trop souvent s'y mêler.

Malgré toutes les précautions prises, le fumier tend
à perdre, pendant la fermentation et par évaporation,
une partie de ses principes constituants. Pour éviter
cet inconvénient, on doit le recouvrir d'une couche de
terre sèche. Cette terre absorbe les gaz qui pourraient
s'échapper et présente, en outre, l'avantage d'accroître
le volume du tas de fumier et de prévenir la dessicca-
tion de sa partie supérieure sous l'action combinée de
l'air et du soleil.

Quelques agriculteurs préfèrent arroser leurs fumiers, soit avec une solution de sulfate de fer, soit avec
du sulfate de soude, soit enfin avec de l'acide sulfu-

rique fortement étendu d'eau ; d'autres les saupou-
drent, au contraire, avec du plâtre pulvérisé. Ces divers moyens sont excellents, en ce qu'ils transforment
le carbonate d'ammoniaque, qui est volatil, en un sulfate d'ammoniaque fixe.

Nous croyons avoir suffisamment démontré les inconvénients qui résultent d'une mauvaise disposition
du sol des étables. Nous allons indiquer comment on
prévient, par des procédés fort simples, les déper-
ditions de fumiers dans les fermes du nord de la
France. Le sol de l'étable est pavé ou tout au moins
formé d'une argile fortement battue ; il reçoit une
inclinaison générale allant de la crèche jusqu'à la
partie postérieure des animaux, afin que les urines
et les déjections liquides soient entraînées dans une
rigole parallèle à la crèche. Cette rigole est elle-
même inclinée, de façon à déverser le liquide dans une
citerne disposée à cet effet. L'engrais liquide, ainsi
recueilli, est extrait de la citerne au moment des fumures, et porté dans de grands tonneaux jusqu'aux
champs où il est répandu soit à l'aide d'écopes, soit
au moyen d'un appareil d'épandage adapté à l'arrière
des tonneaux. La dépense de construction d'une citerne est rapidement gagnée par l'avantage que l'on
retire d'une telle pratique. Beaucoup [de cultivateurs
reculent à tort devant les frais d'une semblable instal-

lation qui cependant est profitable à tous les points
de vue. La Flandre, si renommée pour ses riches
cultures, en présente un exemple frappant.

Bien que ce chapitre sur l'emploi des engrais soit
déjà long, nous ne pouvons passer sous silence des
expériences faites dans ces derniers temps sur la préparation des engrais minéraux. Depuis longtemps on
savait que plus un corps est réduit en poudre fine
plus il est soluble. M. Menier a trouvé récemment la
loi de solubilité des corps; il l'a exposée en ces
termes : « La dissolution d'un corps a lieu proportionnellement aux surfaces du solide en contact avec le
liquide actif. Un engrais solide, le phosphate de chaux
fossile par exemple, sera assimilable d'autant plus rapidement par les végétaux qu'on l'aura réduit en
poudre plus fine, c'est-à-dire que les surfaces sur lesquelles s'exerceront les agents atmosphériques seront
plus considérables. » C'est là une loi importante, en ce
qu'elle montre la puissance des engrais pulvérisés.
Les agriculteurs anglais, en tout gens fort pratiques,
ont depuis longtemps employé les feldspaths réduits
en poudre très fine ; sous cette forme, ces composés
cèdent, en effet, avec facilité leur potasse aux champs
sur lesquels on les répand. Du reste, tout le monde
sait que la marne, la chaux, les plâtres n'agissent
d'une façon utile qu'autant qu'ils ont été ramenés à

l'état pulvérulent par l'action des labours, de la gelée et des autres phénomènes atmosphériques. Il en est de même pour tous les autres engrais minéraux.

L'emploi des engrais pulvérisés exige, à la vérité, une augmentation de frais de main-d'œuvre pour leur préparation ; mais ces frais peuvent être réduits à de faibles proportions par les moyens mécaniques qui se trouvent actuellement à la portée des agriculteurs.

CINQUIÈME PARTIE

SYSTÈMES DE CULTURE

CHAPITRE Ier.

—

DÉFINITIONS. — ASSOLEMENTS.

Dans les premières parties de ce travail, les différentes forces ou valeurs que l'agriculteur doit mettre
en œuvre ont été successivement étudiées ; il en a été
de même des procédés à employer pour en tirer le
meilleur parti. C'était en quelque sorte la pratique de
l'agriculture exposée dans ses dernières transformations. Il nous reste une tâche à remplir qui n'est pas
la moins délicate, celle de définir la ligne de conduite
rationnelle que doit suivre l'exploitant, ou, du moins,
de faire une théorie abrégée des lois de la culture.
Comment peut-on tirer un parti profitable d'une exploitation agricole située dans telles ou telles conditions ? Comment peut-on obtenir le maximum de
produits avec le minimum de dépenses ? Telle est la
question fondamentale qui doit être résolue à l'origine
de toute entreprise agricole. Cette question repose

tout entière sur la nature des assolements et du système général de culture qu'on adopte. Aussi allons-
nous donner, en premier lieu, la définition des termes
que nous sommes destinés à rencontrer dans les chapitres suivants.

On donne le nom de *système de culture* à l'ensemble
des cultures que l'on entreprend dans une exploitation
rurale et qui sont dépendantes les unes des autres.
On appelle *assolement* la succession relative des plantes
cultivées sur une certaine étendue de terrain et *sole*
la surface consacrée à une nature de récoltes dans un
assolement.

La nécessité d'établir des assolements a été reconnue
de tout temps par les agriculteurs. Une même terre
ne peut porter indéfiniment, sous peine d'être con-
damnée à l'infécondité, une même nature de récoltes.
On a essayé d'expliquer de bien des manières cette loi
rigoureuse de la production. Elle s'explique d'elle-
même : Un sol dont on retire en abondance et constamment certains principes fertilisants, doit finir par
s'épuiser, si on ne lui fait aucune restitution. La
nécessité des jachères, admise par les agriculteurs
de la vieille école, n'a pas d'autre origine.

Les lois concernant les assolements ressortent de
conditions nombreuses et variées. Ameublissement et
nettoyage du sol; épuisement des principes fécondants;

ressources dont le cultivateur peut disposer ; produits des cultures ; avances à faire en argent plus ou moins importantes selon la nature des récoltes ; réalisation plus ou moins prompte des produits obtenus ; conditions climatologiques et topographiques de l'exploitation sont autant d'éléments que l'agriculteur doit étudier pour établir son assolement.

Toutes ces conditions peuvent être réunies en groupes de natures diverses, et on peut dire, d'une façon générale, que pour avoir une valeur réelle, un assolement doit répondre à trois lois principales : la loi agricole, la loi chimique et la loi économique.

1° La *loi agricole* repose sur les nécessités de culture des diverses plantes ; elle demande une succession telle que chacune d'elles trouve un sol ameubli et nettoyé à sa convenance, que la durée de leur végétation soit calculée de manière que le sol puisse être convenablement aménagé et travaillé, après l'enlèvement d'une récolte, sans que les ensemencements suivants aient à en souffrir.

2° La *loi chimique* des assolements veut que chaque plante trouve dans le sol les éléments nécessaires à sa végétation. Cette loi règle les fumures et l'administration des engrais qui doit être calculée de façon que chaque plante trouve, en quantité suffisante dans le sol et sous une forme convenable, la nourriture qui lui est nécessaire.

3° Pour se conformer à la troisième loi, la loi économique, on doit choisir les plantes donnant les plus gros bénéfices, adopter les cultures qui se trouvent le mieux en rapport avec les bras disponibles dans la contrée et rechercher les produits dont les débouchés sont les plus assurés. Il faut enfin pouvoir disposer de capitaux suffisants pour ne pas être obligé de recourir au crédit qui est ruineux en agriculture, et pour être libre de choisir l'époque des ventes des denrées de l'exploitation.

Pour faire ressortir la nécessité de suivre chacune des lois qui viennent d'être énoncées, il faudrait de longs développements : il y aurait à étudier chacun des systèmes d'assolement, suivis par les agriculteurs depuis l'assolement biennal (jachère et céréale) jusqu'aux systèmes les plus compliqués, où la plus grande part est faite aux plantes sarclées et aux fourrages annuels. Mais l'espace nous manque pour ce travail, et nous avons la ferme conviction que tout cultivateur intelligent saura comprendre, sans plus de développements, la nécessité de se conformer, dans la rotation de ses cultures, aux trois lois agricole, chimique et économique que nous venons de définir.

Ces lois comprennent tous les genres de culture,

quelle qu'en soit l'étendue. Il n'y a nullement lieu de
faire ici, comme on a voulu le tenter quelquefois, de
distinction entre la grande et la petite culture. L'une
et l'autre doivent se conformer aux mêmes prescriptions. Il faut reconnaître toutefois qu'en pratique, ces
diverses règles trouvent, suivant les circonstances,
une application différente. Si l'on a affaire, par exemple, à un sol naturellement fertile, si les débouchés
sont faciles et si les bras sont rares, la petite culture
aura beaucoup plus de chances de succès que la
grande, et l'épargne sera, dans ce cas, beaucoup plus
facile à constituer. Si l'on a, au contraire, à cultiver
des terres de nature mauvaise, placées dans des conditions de débouchés moins favorables, alors la grande
culture est appelée à jouer un rôle prépondérant, surtout si elle peut disposer de capitaux importants. Mais
à mesure qu'elle aura amélioré le sol, que les produits
seront devenus plus abondants, que la circulation aura
créé des débouchés, la grande culture devra céder le
pas aux domaines de moindre étendue. C'est là une
loi lente, mais fatale, qui se retrouve partout, et qui
se développera de plus en plus en France, à moins que
les tendances des populations prennent une direction
différente.

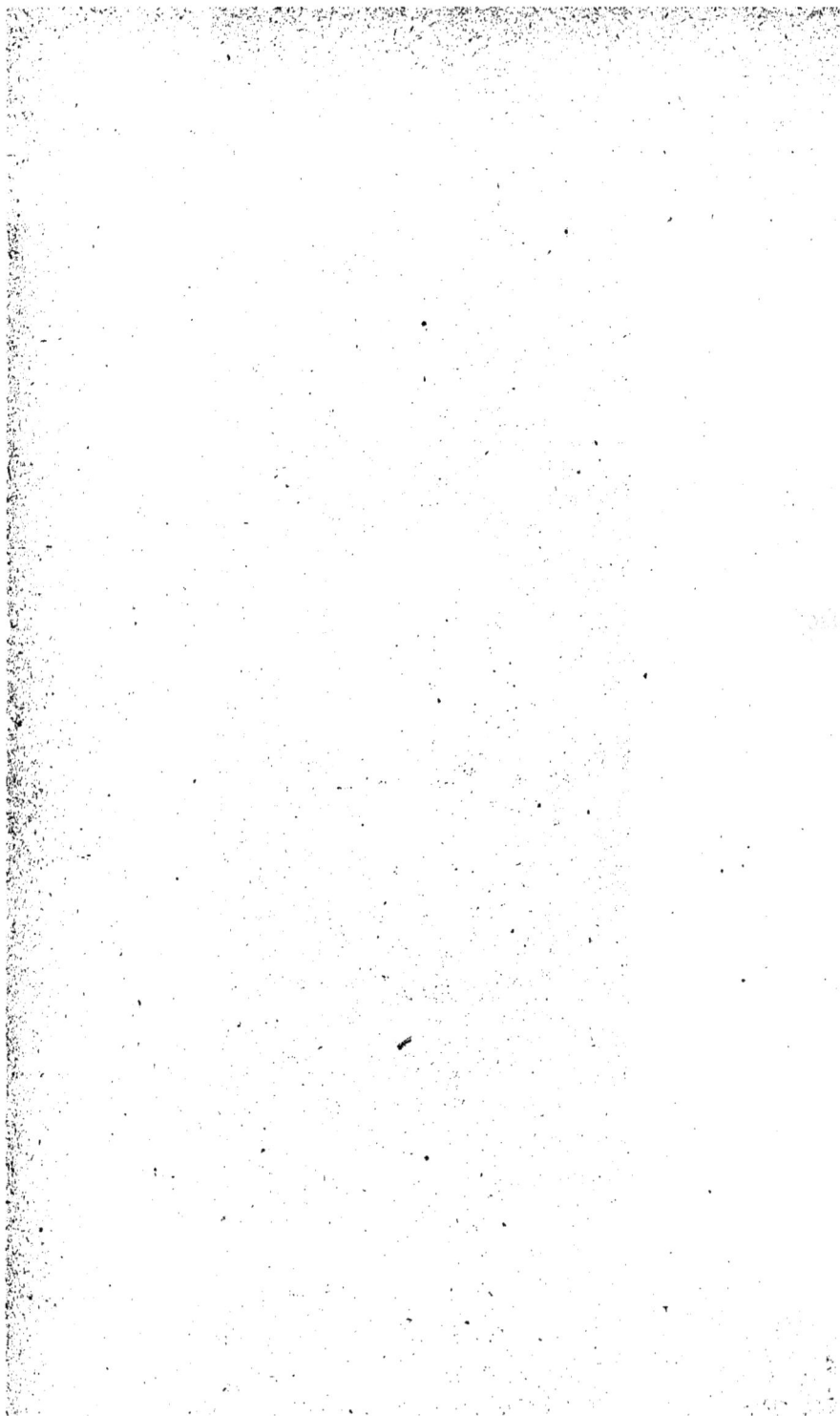

CHAPITRE II.

—

CLASSIFICATION DES SYSTÈMES DE CULTURE.

~~~~~~

I

Les agronomes ont successivement essayé de fixer les lois de la production agricole ; ils sont encore loin d'être d'accord sur les bases à adopter à ce sujet. Cependant trois classifications ont été particulièrement recommandées et sont généralement suivies pour l'étude des systèmes de culture.

La première, celle du comte de Gasparin, proposée et développée dans son célèbre *Traité d'Agriculture*, porte encore aujourd'hui son nom. Ce système est établi sur la comparaison du concours des forces naturelles et des forces humaines dans la production agricole. Les exploitations agricoles où les forces naturelles s'exercent seules, les forêts et les pâturages, par exemple,

occupent le bas de l'échelle ; puis viennent les systèmes de culture pour lesquels le travail de l'homme
est aidé par les forces de la nature, et enfin au premier
rang se trouvent classés les systèmes où la nature est
complétement suppléée par l'homme. Chaque catégorie
comprend, en outre, un certain nombre de divisions
correspondant aux influences plus ou moins grandes
de chacune de ces forces primordiales.

Une deuxième classification, plus généralement
adoptée aujourd'hui, consiste à diviser les systèmes
de culture en deux grandes classes : la culture intensive et la culture extensive. Cette classification a
pris naissance en Allemagne. D'après ceux qui la
prônent, la culture intensive est représentée par
l'exploitation du sol portée à son plus haut degré d'activité, à la fois par le travail et le capital ; la culture
extensive, au contraire, est celle qui se contente d'un
faible produit brut, en n'engageant qu'un capital restreint par hectare; elle améliore lentement le sol en
faisant dominer les forces spontanées de la nature
dans la production agricole. Ce système fait passer
l'exploitation par différentes transformations qui ont
pour but d'arriver peu à peu à la culture intensive;
telles sont : la période forestière, celle des pâtures,
celle des jachères et enfin celle des fourrages à haut
rendement. D'après cette théorie, la culture intensive

est d'autant plus facile que la civilisation met en circulation plus de capitaux. La terre et le travail obtien-
nent alors une plus grande valeur et le capital est
offert à meilleur marché. Quand un pays, au contraire,
n'est pas encore arrivé dans la voie du progrès ou ne
fait qu'y entrer, ce qu'il y a de moins cher, c'est la
terre, tandis que le travail et le capital sont à des taux
relativement plus élevés, ainsi que cela a lieu en Amérique et aux colonies. Dans ce cas, il est rationnel de
suivre une culture extensive, qui produit à bon marché
en embrassant une plus grande surface de terrain où
ne se trouvent engagées que de faibles avances en
capitaux.

Il est enfin une troisième classification proposée
par M. de Lavergne et qui consiste à classer les
systèmes de culture d'après les produits bruts. Ce
système est basé sur ce principe : que le cultivateur
produisant du blé, de la viande, du vin, etc., n'a qu'un
but unique ; c'est la création de valeurs. Il ne fait de
récoltes que pour l'argent qu'il en retire ; il est toujours prêt à modifier la nature et la proportion de ses
cultures pour créer le plus de valeurs qu'il lui sera
possible. Or, si la création de valeurs est le but du
cultivateur, l'indication des valeurs créées fournit le
meilleur moyen de les définir et de les classer. Par
conséquent, il suffit de ramener à l'unité de superficie,

c'est-à-dire à l'hectare, les valeurs créées chaque année par tous les systèmes de culture dans les domaines les plus différents par la composition, par
l'étendue, par les plantes cultivées, par les procédés
d'exploitation, pour pouvoir comparer entre eux tous
ces systèmes et pour donner à chacun sa place dans
une sorte d'échelle qui permet de les classer avec la
plus grande précision. Grâce à cette commune mesure,
chaque système de culture peut être défini comme
suit : un système qui produit 400 fr. de valeur par
hectare est deux fois plus productif que celui qui ne
produit que 200 fr. et deux fois moins qu'un autre
système qui donnerait 800 fr. Mais, afin d'éviter des
confusions, on ne donne le nom de valeurs qu'aux
produits vendus ou livrés à la consommation des
hommes dans l'intérieur de la ferme ; les denrées
consommées par les animaux, les fumiers absorbés par
les cultures, les semences, ne font pas partie du produit
brut. Ce sont là des matières premières destinées à
des transformations ultérieures ou, en d'autres termes,
des moyens de production ; les valeurs qui proviennent de cette transformation doivent seules compter
dans le produit brut.

A côté de cette méthode, il convient de placer celle
qui consiste à classer les systèmes de culture d'après
leur revenu net. L'appréciation devient ici beaucoup

plus difficile ; le revenu net est effectivement loin de représenter, dans toutes les exploitations, le même rapport avec le produit brut, et il dépend beaucoup de la méthode d'exploitation. Néanmoins, ce procédé peut être très utile pour comparer, d'une manière générale, les valeurs des diverses cultures dans des conditions déterminées de climat, de nature de sol, de débouchés, etc.[1]

Nous allons examiner ces diverses classifications et déterminer celles qu'on doit préférer.

II

Quelle est la meilleure classification des systèmes de culture et quelle est celle qu'on doit adopter ?

La division des systèmes de culture en culture intensive et culture extensive est trop vague pour satisfaire complétement l'esprit. La culture intensive, dit-

---

[1] Une étude très importante a été faite par M. Delesse sur le revenu net moyen de l'hectare dans les diverses parties de la France. Il a trouvé que, pour tout le territoire, ce revenu était de 4 fr. 60 pour les landes et pàtis, de 20 fr. pour les bois, de 42 fr. 50 pour les terres arables, de 49 fr. pour les cultures diverses, de 69 fr. 40 pour les vignes, de 72 fr. 60 pour les prés et de 119 fr. pour les jardins.

on, est celle qui agit par le capital ; la culture extensive est celle qui agit par le temps. Mais où est la
limite qui sépare l'une de l'autre ? La culture qui con-
sacre 800 fr. par hectare en capital d'exploitation
sera évidemment une culture intensive ; celle qui n'en
dépense que 50 sera extensive. Quant à la limite où
s'arrête la dépense pour faire passer une culture d'une
catégorie dans l'autre, personne ne l'a encore établie,
et c'est évidemment là une limite difficile à déterminer. D'un autre côté, quel sera le rapport entre le
capital d'exploitation et la valeur foncière qui pourra
établir si une culture est intensive ou extensive ? Voilà
un nouveau point qu'il faudrait également éclaircir et
qui ne l'a jamais été. Nous abandonnerons donc cette
classification comme étant tout-à-fait impropre à jeter
la lumière dans les questions qui nous occupent.

La division des cultures d'après leur produit brut
est de nature à séduire l'esprit des économistes. Pour
les vues d'ensemble, c'est une classification simple
qui permet, lorsque des observations suffisantes ont
été faites, de comparer, au point de vue du résultat,
les cultures les plus diverses et les plus variées. C'est,
en outre, une classification scientifique, parce qu'elle
repose sur des données précises et sur des chiffres
qu'aucun écart de l'imagination ne peut faire varier.
Mais comme nous avons à nous occuper principale-

ment des procédés culturaux, et que la méthode d'évaluation des produits bruts peut faire entrer dans la
même catégorie des cultures agissant par des procédés tout-à-fait différents, nous ne pouvons pas l'adopter d'une façon exclusive.

Il reste enfin la méthode de M. de Gasparin. Cette
méthode nous semble plus précise, en ce qu'elle repose, au contraire, sur les procédés de la culture et
sur la part que prennent les forces humaines dans
la production. Sans nous astreindre à suivre ce guide
d'une manière absolue, car la science agricole s'est
enrichie durant ces dernières années d'un grand
nombre de faits nouveaux, nous admettrons, d'une
manière générale, les divisions qu'il a tracées.

CHAPITRE III.

—

Les systèmes de culture peuvent être classés en huit catégories différentes :

1° Système forestier ;

2° Système des pâturages ;

3° Système celtique ;

4° Système des étangs ;

5° Système des jachères ;

6° Système des plantes arborescentes ;

7° Système avec importation d'engrais ;

8° Système avec production et consommation d'engrais.

Nous exposerons successivement les caractères principaux de chacun de ces systèmes.

Les deux premiers appartiennent aux exploitations pour lesquelles les forces naturelles s'exercent seules ;

les quatre autres aux catégories où le travail de l'homme est aidé par les forces de la nature ; les deux derniers, enfin, aux catégories où la nature est complétement suppléée par le travail de l'homme.

I

Système forestier.

La forêt a été le premier propriétaire du sol dans la majeure partie de l'Europe. Alors que les Romains ont commencé la conquête des Gaules et de la Germanie, ils trouvèrent un pays formant, pour ainsi dire, une forêt continue depuis la Méditerranée jusqu'à la mer du Nord. L'Italie et l'Espagne étaient elles-mêmes couvertes d'épaisses forêts ; les arbres occupaient également la presque totalité des Iles Britanniques. Les choses ont bien changé ; les défrichements se sont succédé sans interruptions, et si les forêts n'ont pas complétement disparu, elles ont du moins beaucoup perdu de leur importance. Pour retrouver les anciennes forêts des Gaules, il faut remonter aujourd'hui aux hautes latitudes de la Scandinavie et de la Russie septentrionale.

Le déboisement est une nécessité dans un pays primitif. L'homme condamné à trouver ses moyens d'existence dans le sol ne peut retirer de la forêt que des éléments très imparfaits. Il ne faut donc pas se plaindre des déboisements, mais on doit redouter leur exagération. Or, c'est le défaut où l'on est tombé en France depuis une centaine d'années.

En principe général, la forêt doit disparaître des terres riches, susceptibles de donner un produit supérieur, quand elles sont défrichées. Mais elle doit être maintenue dans les terrains pauvres et principalement sur les pentes des montagnes, où elle exerce une action protectrice contre l'envahissement des plaines par les torrents débordés. De tristes exemples ont souvent prouvé le tort que l'on a eu de déboiser les pentes des montagnes ; on cherche aujourd'hui à réparer le mal en essayant de rétablir des remparts qu'on aurait toujours dû respecter.

En dehors de cette grande question, qui intéresse le pays tout entier et qui doit être résolue par l'État, puisque la plus grande partie des cimes montagneuses appartiennent au domaine public, l'utilisation du sol par les forêts intéresse particulièrement les agriculteurs. Il existe, en effet, des sols trop maigres pour pouvoir être avantageusement amendés, à moins que l'on ne dispose de très forts capitaux et que l'on ait les moyens d'attendre pendant longtemps les revenus qui en proviendront. Ces terres doivent être boisées ; elles donnent alors un profit bien supérieur à celui qu'on pourrait espérer par une autre culture. Dans certains cas, la culture forestière est même devenue le point de départ d'une véritable amélioration agricole. La Sologne, cette contrée déshéritée du centre de la France, en a donné de saisissants exemples. Nous en citerons un des plus remarquables. Possesseur d'un domaine ne produisant, il y a trente ans, que de 4 à 5 fr. par hectare et où les fermiers vivaient misérablement, M. de Béhague pensa que le meilleur moyen à prendre pour tirer parti de ce sol ingrat était de le soumettre à la culture forestière. Il fit donc des plantations et choisit comme essences le pin, le bouleau et le chêne. La dépense initiale des plantations s'éleva à 30 et 35 fr. par hectare, et la dépense d'entretien fut à peu près nulle. Ces plantations ont parfaitement réussi et, au bout de quelques années, les produits moyens par hectare atteignaient 30 fr. par an. Si le même propriétaire eût voulu continuer l'exploitation de son domaine en terres arables, il se serait ruiné, tandis qu'il a considérablement accru son revenu et qu'il a trouvé dans l'exploitation de ses bois la source d'un capital nouveau pour améliorer des terres voisines moins rebelles à la culture.

Encore faut-il, pour réussir dans ce genre d'exploitation, une grande prudence. Il n'y a, croit-on souvent, rien de plus facile que de faire venir des bois. Il faut, au contraire, bien se garder de planter ou de semer sans tenir compte des exigences du sol, de la situation économique, des facilités d'exploitation, etc. Dans les terrains pauvres, ce sont les essences résineuses qui ont les plus grandes chances de réussite. Suivant les conditions de terrain ou de climat, on doit choisir telle ou telle espèce de pins : pin sylvestre ou maritime, sapin épicéa ou mélèze. Dans le midi de la France et dans les contrées où les hivers sont doux, on pourrait planter avec grand avantage une nouvelle essence récemment importée d'Australie, l'Eucalyptus, qui a déjà donné en Algérie d'excellents résultats.

En résumé, les agriculteurs, obligés par la nature de leur sol à avoir recours au système forestier, devront éviter de choisir une espèce à feuilles caduques, et particulièrement le chêne, dont la croissance lente réclame des aménagements d'une longue durée. Avec les espèces résineuses, au contraire, il est permis d'espérer des résultats assez rapides. On peut facilement, en suivant un aménagement de 30 à 35 ans pour les futaies sur taillis, et même en moins

de temps pour les taillis ordinaires, doubler la valeur du sol, tout en retirant des avances, en capitaux, un intérêt largement rémunérateur. Pour les
futaies, les périodes d'aménagement sont beaucoup
plus longues ; les forestiers les calculent en effet de la
manière suivante :

Chêne et hêtre.	140 à	160 ans.
Sapin et épicéa.	110	120 —
Erable, frêne, orme, tilleul	100	110 —
Pin, mélèze.	70	80 —
Aune, bouleau.	55	65 —

On comprend que les forêts de l'État et, à la rigueur celles des départements, puissent être aména-
gées de cette manière ; mais il est impossible à des
particuliers d'attendre pendant autant de temps la
réalisation des produits.

Le système forestier est en vigueur sur des étendues
de terrain considérables en Sologne, dans les Dombes,
dans la Brenne, dans le département des Landes, etc.
Les agriculteurs allemands l'ont également pratiqué
sur une grande échelle ; grâce à ce genre de culture, de vastes surfaces, dans l'Europe centrale, ont
été amenées à une valeur de production qui a dépassé toutes les espérances.

II

Système des pâturages.

Le système des pâturages appartient, comme le système forestier, à la première catégorie, c'est-à-dire à celle où le travail de la nature est le grand facteur du produit. Dans certains cas, ce système est peu productif; dans d'autres cas, au contraire, il est un des systèmes agricoles les plus riches. C'est ce que n'ont pas voulu admettre un grand nombre d'agronomes et d'agriculteurs qui l'ont condamné. Il y a, en effet, deux systèmes de pâturages, et il faut bien les distinguer pour ne pas établir de funestes confusions. Prenons un exemple. Le département du Calvados renferme 23 p. 100 de sa surface en pâturages ; celui du Finistère en renferme 42 p. 100. Ces deux départements comprennent, en outre, une étendue de terre à peu près équivalente et ils appartiennent à la catégorie de ceux qui possèdent les plus grandes proportions de pâturages. Or, ces pâturages sont une source de richesse pour le Calvados, tandis que, dans le Finistère, ils ne rapportent qu'un maigre produit.

19

Dans l'un, dans le département du Calvados, il y a, en effet, sur les 23 p. 100 de pâturages, 21 p. 100 de belles prairies, et dans le second, dans le département du Finistère, on n'en compte que 6 p. 100. Il faut donc, quand on parle de pâturages, s'entendre sur la définition du mot.

On appelle pâturages médiocres certains terrains enherbés peu productifs, tels que les pâtis, les communaux, etc. Ces terrains, de nature très-inférieure, doivent être classés après la dernière catégorie, les forêts. Il est, toutefois, des circonstances où ces pâturages deviennent nécessaires et permettent d'utiliser certains terrains. Telles sont les pentes des montagnes ; le gazonnement de ces pentes est absolument indispensable pour prévenir le ravinement produit par les eaux, et la dénudation des sols accidentés. On a souvent tenté, notamment sur les montagnes du plateau central de la France, de défricher les pentes ; mais ces essais ont eu pour conséquence de faire disparaître en peu d'années la terre végétale et de laisser à nu des rochers improductifs. Dans les pays de plaines, les pâturages de qualité inférieure n'ont aucune raison d'être ; aussi doit-on chercher à les supprimer ou à les remplacer par des bois, si le sol se refuse à toute autre culture.

Sur une exploitation bien dirigée les pâturages ne

peuvent être maintenus qu'à titre provisoire et en
vue de concentrer sur d'autres terres les ressources
en capitaux ou en bras dont on peut disposer. A moins
de servir de base à un système de culture pastorale et
d'entretenir l'industrie des fruitières, comme dans les
Alpes, quelques parties de l'Auvergne et des Pyrénées,
les pâturages sont moins avantageux que la culture
forestière.

Les fruitières sont, ainsi que chacun le sait, des
associations de propriétaires qui réunissent le lait de
leurs troupeaux dans un établissement commun où
l'on fabrique pour le compte de tous du beurre et
surtout du fromage. Dans ces circonstances, la valeur
du produit des troupeaux, et par conséquent des pâturages, peut être facilement doublée. Sans nul doute,
les cultivateurs des pays montagneux auraient avantage à adopter cette méthode, beaucoup plus lucrative que celle de la transhumance des moutons, qui
fait perdre à ces animaux une partie notable de
leur poids et de leur valeur dans leurs pérégrinations
estivales.

Les exigences de la classification nous ont mis dans
la nécessité de placer, à côté des pâturages maigres
des pays montagneux, les herbages plantureux des
climats humides. L'ignorance des lois économiques, le
fatal préjugé qui a longtemps fait considérer le bétail

comme un mal nécessaire, ont amené le défrichement
d'un certain nombre de ces pâturages. Nous ne pouvons résister au désir de citer à ce propos une page
pleine de prophéties, écrite depuis plus de trente ans
par M. de Gasparin : « La répartition du sol entre les
différents systèmes de culture, disait-il, a été faite tellement au hasard, a été dirigée par des vues tellement
étrangères à l'agriculture, qu'elle ne peut manquer
d'être soumise à une révision sévère à mesure que
l'homme s'affranchira successivement des entraves
d'une législation surannée, que les préjugés, les habitudes et des intérêts qui ont cessé d'exister ont imposées à la terre. Une population plus intelligente, plus
riche, obéissant aux influences naturelles du sol et du
climat, les relations des différents pays plus libres et
mieux établies, feront mieux apprécier la destination
la plus avantageuse à donner au sol, et alors, en même
temps qu'il se fera quelques défrichements, on verra
remettre en pâturage une partie des terres aujour-
d'hui cultivées. » Cette prévision est, en partie, réalisée aujourd'hui et, comme on le sait, les agriculteurs
tournent de plus en plus leurs efforts vers la production du bétail. Mais là aussi il y a un écueil à éviter.
Nous aimons à citer des exemples qui font mieux
comprendre la pensée ; aussi laisserons-nous encore
à cette occasion la parole aux faits.

Il y a de cela un demi-siècle, un métayer du Niver-
nais, dont la métairie rapportait à peine 1,200 fr. par
an, eut l'idée, de concert avec son propriétaire, de
faire des prairies pour s'adonner à l'élève et à l'engraissement du bétail. En vingt ans il s'était enrichi ;
aussi vit-il son exemple se propager rapidement
autour de lui. Mais le succès engendre souvent l'abus.
On créa de nombreuses prairies qui, par suite de leur
situation, de la nature du sol et d'une infinité d'autres
circonstances, n'ont pas donné de résultats identiques
aux premiers.

Ici, comme précédemment, nous voyons les conditions extérieures imposer au sol sa véritable destination.

Le succès des pâturages tient presque toujours aux
conditions climatériques ; quelquefois il est assuré par
les irrigations. Dans le Midi, les terres seules susceptibles d'être facilement irriguées peuvent être avantageusement transformées en prairies. Dans les
contrées septentrionales, à climat habituellement
humide, les pâturages réussissent sans cet auxiliaire.
La Normandie, en France, certaines parties de l'Écosse
et de l'Irlande se trouvent, pour cette culture, dans
des conditions tout à fait exceptionnelles. Mais nulle
part, les pâturages ne poussent avec autant de vigueur

et ne donnent autant de produits qu'en Hollande. Il
n'est pas rare de voir dans ce pays des prairies louées
de 170 à 210 fr. par hectare, et le droit de pâture
du regain être ensuite affermé 60 ou 70 francs.
Ici, le climat crée, en effet, des conditions tout à
fait exceptionnelles, qui font du système des pâturages à la fois l'unique ressource et la grande richesse
du pays.

En Normandie, il est, à un point de vue général,
peu avantageux de convertir en herbages permanents
les terres fertiles qu'une bonne pratique culturale
livre alternativement à la production des prairies
artificielles, des céréales et des plantes industrielles.
On a plus de profit à les établir sur des terrains maigres. Seuls, quelques propriétaires gênés par l'insuffisance des capitaux, ensemencent en prairie les terres les plus fertiles de leur exploitation ; ils évitent
ainsi des dépenses qu'ils ne peuvent effectuer, et
ils élèvent, sans avances de numéraire, le niveau
de fertilité du sol par l'unique présence d'un nombreux bétail.

Dans le Midi, on ne saurait trop recommander de
mettre en prairies toutes les terres qui peuvent être
irriguées. Pour beaucoup d'exploitations, cette transformation a déjà été la source d'une grande prospérité.

III

Système celtique.

Après les systèmes de culture qui reposent d'une manière à peu près exclusive sur l'action de la nature, il faut placer ceux où le travail de l'homme commence à intervenir. Le système celtique en est le premier type. Dans ce système, la terre est abandonnée à elle-même pendant un certain nombre d'années, puis cultivée pendant plusieurs années, pour revenir ensuite à l'état inculte. Le système celtique a été, pendant des siècles, le système dominant dans une grande partie de la France ; on le retrouve encore sur certains points de la Bretagne et de la Normandie ; nous verrons plus loin comment il y est pratiqué.

Lorsque la terre est à bas prix et qu'il n'y a pas concurrence pour son acquisition, le système celtique prend naturellement possession du sol. C'est le régime dominant des pays primitifs. Aussi est-ce en Russie qu'on le rencontre aujourd'hui avec tous ses caractères. Dans les steppes de cet immense pays, la terre arable a une valeur presque nulle ; quelquefois le prix de l'hectare ne dépasse pas 10 à 12 francs ; jamais il ne s'élève au-dessus de 300 francs. Le sol

ne peut acquérir de taux élevé que le long des quelques
voies ferrées qui existent dans ce pays, ou dans des
conditions exceptionnelles de débouchés ; encore est-
il difficile pour le propriétaire de trouver des fermiers
présentant des garanties convenables, ou capables de
se charger de telles cultures. Ceux qui prennent la
terre, la louent généralement pour deux ans, aux prix
de 20 à 60 francs par hectare, suivant sa situation.
Ils la travaillent pendant ces deux années et l'aban-
donnent ensuite pour porter leur industrie ailleurs.
D'après les calculs d'un voyageur français,[1] M. de
Fontenay, qui est en même temps un agronome ins-
truit, les terres des steppes donnent quelquefois plus
de 50 hectolitres de blé à l'hectare ; les rendements
de 36 hectolitres sont communs, et on estime à 120 fr.
les avances nécessaires pour cultiver ainsi un hectare.
Mais il survient aussi des années de sécheresse, années désastreuses, qui ne permettent même pas de
récolter la semence ; de sorte qu'on ne peut guère évaluer à plus de 16 hectolitres de blé le rendement moyen
par hectare. C'est là le vrai type de la culture celtique,
demandant au sol tout ce qu'il peut produire et le
laissant ensuite se régénérer sous l'action des forces

_____

[1] Voyage agricole en Russie, par L. de Fontenay. Librairie d'Au-
guste Goin, rue des Ecoles, Paris.

naturelles. Cependant, ce n'est plus ainsi qu'il est pratiqué en France.

En Bretagne, par exemple, on sème sur des terrains pauvres des genêts qu'on laisse pousser pendant un certain nombre d'années. Puis on les défriche, et pendant trois ou quatre ans on obtient de bonnes récoltes sans engrais, comme après le défrichement des forêts. Après cette période d'années, on réensemence en genêts, et on recommence la même rotation de cultures. Dans quelques parties de la Normandie, on suit le même système avec l'ajonc. Une telle méthode ne peut, on le comprend, être pratiquée avec profit que si le loyer de la terre est extrêmement faible, si le terrain est de qualité inférieure, et, enfin, si le cultivateur manque de capitaux pour suivre une culture plus avancée. Dans ce cas même, on a le plus souvent avantage à recourir au boisement.

Il faut toutefois faire une exception pour la culture de l'ajonc. L'utilité de cette plante est aujourd'hui reconnue, et c'est avec raison que certains propriétaires de la Bretagne et de la Normandie lui donnent une place dans leurs assolements. L'ajonc, en effet, présente quatre propriétés fort importantes : il forme des clôtures qui deviennent rapidement impénétrables ; il fournit de nombreux fagots pour le chauffage ; il donne une litière qui, comme nous l'avons vu plus haut, n'est

pas sans valeur, et, enfin, ses jeunes pousses, hachées
et écrasées, constituent un excellent aliment pour les
animaux domestiques. Cette réserve faite pour ce qui
concerne la culture de l'ajonc, il n'en reste pas moins
établi que le système celtique est un procédé de mise
en valeur du sol fort défectueux. Aussi ne doit-on le
conserver que s'il est imposé par la mauvaise nature
des terres et s'il est impossible aux cultivateurs de
procéder autrement. Le système forestier lui sera toujours préférable, et cela notamment si l'exploitant est
lui-même propriétaire du sol. Dans le cas où la terre
est cultivée par fermage ou par métayage, il est de
l'intérêt du propriétaire et du cultivateur de s'entendre
pour prendre les mesures nécessaires à cette transformation dans les cultures.

IV

Système des Étangs.

Le système des étangs repose sur le même principe
que le système celtique ; mais ici la lande est remplacée
par l'eau. En réunissant les eaux au moyen de travaux
de barrage, on forme des étangs qui donnent un revenu en poissons ; après quelques années, on dessèche
l'étang et on retire de bonnes récoltes sur un fond qui

a reçu un colmatage naturel par l'action des eaux. Ce système, on le comprend immédiatement, ne peut être appliqué qu'avec des terrains à sous-sol imperméable, argileux ou glaiseux.

On a eu l'idée d'utiliser par ce procédé les terrains marécageux de la Sologne, des Dombes, de la Double et de la Brenne ; on en a même retiré des avantages culturaux assez importants. Mais, dans toutes ces conditions, il s'est présenté un grave écueil : c'est l'extrême insalubrité des pays avoisinants par suite des miasmes provenant des vases laissées à découvert en été par les eaux. Ce système doit donc être abandonné ; il est d'ailleurs avantageusement remplacé par le boisement des terrains de cette nature, comme on peut en juger par l'exemple suivant.

Tous les agriculteurs connaissent, tout au moins de réputation, l'ancienne province de la Brenne qui occupait dans le département de l'Indre presque tout l'arrondissement du Blanc et une partie de celui de Châteauroux. « Pauvre culture, gens misérables, » disait Arthur Young, en 1787, en parlant de cette contrée, où la lande inculte alternait avec des étangs couvrant plus d'un tiers de sa surface. On avait formé effectivement, à l'aide de barrages, plus de 6,000 hectares d'étangs. Les fièvres paludéennes décimaient les habitants de cette contrée et chaque année on voyait la population diminuer, le nombre des décès dépassant sensiblement celui des naissances, sans qu'aucune immigration vînt compenser ces pertes. Depuis une vingtaine d'années, plusieurs propriétaires ont asséché leurs étangs et ont essayé d'assainir le pays par des plantations forestières, la seule culture qui fût possible sur des terrains d'aussi mauvaise qualité. Le résultat ne s'est pas fait longtemps attendre ; la décroissance de la population s'est arrêtée et a même été remplacée par une augmentation rapide. D'un autre côté la misère, qui paraissait le lot de cette contrée déshéritée, a fait peu à peu place à une honorable aisance, amenée par le travail agricole.

Des résultats analogues ont été obtenus dans les Dombes.

On peut donc dire, d'une manière absolue, que de tous les systèmes, celui des étangs offre, avec des avantages minimes, les inconvénients les plus graves. Du reste, les travaux d'assainissement ne sont guère plus dispendieux que la formation des étangs et on en retire, en outre, l'immense avantage d'accroître la richesse générale du pays.

V

Système des Jachères.

Avec le système des jachères, commence la série

des systèmes de culture dans lesquels le travail de l'agriculteur prend une part de plus en plus importante. Dans ce système, en effet, la même année ne passe pas sans que le sol ne soit travaillé, et c'est là un caractère différent et distinctif des systèmes précédemment analysés.

Le système des jachères consiste à demander à la terre une ou plusieurs récoltes et à l'abandonner ensuite à elle-même, mais en la soumettant aux labours et aux hersages.

Les anciens estimaient que la terre, en cela semblable aux animaux, avait besoin, après avoir produit pendant un certain temps, de se reposer et de se remettre de ses fatigues. De cette croyance est née la pratique du système des jachères. Les travaux de la science moderne ont fait justice de cette opinion ; ils ont démontré que la terre, même pendant la jachère, ne se repose pas, mais produit des plantes adventices, comme auparavant des plantes cultivées. La raison d'être de la jachère se trouve dans ce seul fait que les récoltes ont enlevé à la terre un certain nombre d'éléments et, en l'en dépouillant, l'ont rendue impropre à la production continue de ces mêmes récoltes. Il faut donc que les agents extérieurs rendent à la terre, pendant la jachère, les éléments qu'elle a perdus. C'est par les pluies que ces éléments lui reviennent en plus grande quantité. Ainsi les expériences scientifiques ont démontré que les pluies versent sur le sol, pendant une année, 9 kilogrammes d'azote par hectare,[1] sous la double forme d'ammoniaque et de nitrate. Or, le résultat moyen de la jachère en France est une récolte de 8 à 10 hectolitres de blé tous les deux ans et cette récolte enlève au sol de 16 à 19 kilogrammes d'azote.[2] On voit immédiatement comment la jachère restitue à la terre les principes azotés qu'elle a perdus, lorsque l'on ne peut pas disposer d'engrais pour lui rendre directement ces éléments. Ce système est donc une pratique rationnelle.

Les jachères sont absolues lorsqu'on ne leur demande aucune espèce de produit ; elles sont vertes ou fourragères, si l'on y sème des plantes qui seront données au bétail en fourrages ou qui seront enterrées comme engrais à l'aide de la charrue. Ainsi que nous l'avons dit, leur durée n'excède jamais une année,

---

[1] Cours d'Agriculture, par le comte de Gasparin.

[2] « D'après la statistique le rendement moyen du blé en France est de 12 à 13 hectolitres. Pour que la moyenne générale de la France tombe ainsi à 12 ou 13 hectolitres de blé par hectare, lorsque dans nos meilleures fermes on obtient des récoltes maxima de 30 à 40 hectolitres pour les bonnes années, il faut qu'il y ait un grand nombre de terres médiocrement cultivées, où le blé ne rend pas plus de 8 à 10 hectolitres. » Principes de la culture améliorante. — E. Lecouteux.

mais quelquefois elle ne dépasse pas six mois. Dans ce cas, on distingue ce que l'on appelle les jachères d'été et les jachères d'hiver ; leur époque varie suivant les assolements.

Le système des jachères est biennal ou triennal, c'est-à-dire que la jachère revient tous les deux ans ou tous les trois ans ; mais jamais il ne s'écoule un plus long espace de temps avant leur retour. La jachère doit donc être considérée comme une préparation de la terre destinée à favoriser par des soins de culture la production de nouvelles récoltes. Les labours qu'on lui donne ont effectivement pour but de détruire les mauvaises herbes, d'exposer la terre retournée à l'influence de la chaleur, de la lumière et de tous les agents atmosphériques. Le nombre de ces travaux préparatoires dépend de la plus ou moins grande consistance du sol.

Si le système des jachères est abandonné dans les pays riches et fertiles, cela tient surtout à la présence de capitaux plus abondants et à la possibilité de se procurer les engrais dont on a besoin.

Mais lorsque le cultivateur ne peut disposer que d'un faible capital, quand la population est peu nombreuse et que par conséquent la main-d'œuvre agricole coûte cher, lorsque la culture des plantes fourragères est difficile, on est souvent obligé de conserver ce régime. Le système des jachères est, en un mot, l'agriculture forcée des pays pauvres, la première étape que la production du sol doit nécessairement traverser. Lorsque l'épargne du cultivateur lui a constitué un capital plus considérable, ou lorsque les capitaux s'offrent à la culture à un taux assez bas, on peut alors commencer à faire disparaître la jachère et tendre à des rendements plus élevés. Mais le capital est toujours le levier qui amène cette transformation, quelles que soient les circonstances où l'on se trouve placé.

VI

Système des cultures arborescentes.

Le système des cultures arborescentes consiste à planter des arbres cultivés pour leurs fruits et à récolter dans les intervalles des plantes annuelles. Ce système porte aussi dans le Midi le nom de système à cultures intercalaires. C'est un régime tout à fait primitif, suivi aujourd'hui dans les vergers de pommiers, en Normandie et en Bretagne, et dans le Midi pour un grand nombre de plantations d'oliviers, de pruniers, d'amandiers, de mûriers, etc.

Les cultures arborescentes présentent l'avantage de

pouvoir remplacer, lorsqu'elles sont faites dans les
conditions de sol et de climat qui leur conviennent,
une récolte douteuse par des produits mieux assurés.
Elles ont, en outre, le mérite de faire disparaître les
jachères, d'utiliser des terrains improductifs, de créer
de l'ouvrage aux ouvriers agricoles pendant la saison
où ils sont le moins occupés, et enfin de donner lieu à
plusieurs productions industrielles d'un grand intérêt.
Malheureusement un tel système demande un capital
assez important pour la plantation des arbres et surtout pour attendre leurs premiers produits. Les récoltes de fruits sont, en outre, des plus aléatoires ;
elles varient d'année en année et subissent de grands
écarts. Néanmoins leurs prix de plus en plus élevés
constituent une compensation, pour les agriculteurs,
de la médiocrité trop souvent répétée de ces sortes
de récoltes.

D'un autre côté, les plantes cultivées dans les intervalles des plantations arborescentes ne bénéficient
généralement que d'une manière restreinte de l'influence des agents atmosphériques ; dans de telles
conditions, elles donnent des produits moins abondants
que dans les circonstances normales de leur culture.

Le système des cultures intercalaires peut être
adopté avec avantage lorsque le sol est peu propre
à fournir des récoltes fourragères et que, celles-ci ve-

nant mal, l'agriculteur n'a pas en sa possession les engrais nécessaires pour porter les plantes annuelles à un
degré de production convenable. Alors il doit faire un
choix judicieux des arbres à adopter et tenir compte
à la fois des convenances culturales et de la possibilité
d'obtenir un prix avantageux de la vente des produits.

Cultivées seules, sans être mêlées à des récoltes annuelles, les plantes arborescentes donnent quelquefois d'excellents résultats. C'est ainsi que les agriculteurs des régions méridionales de la France trouvent
de grands profits à la culture du mûrier et de l'olivier;
c'est pour un motif semblable que, sur une plus grande
échelle et sur une grande partie de notre territoire, on
peut adopter avec avantage la culture de la vigne. Mais
ces plantations sont alors considérées comme étant en
dehors du système de culture suivi, et le reste de
l'exploitation est cultivé d'après l'une des méthodes
déjà exposées ou dont la description va suivre.

Il est impossible de donner ici un aperçu des conditions nécessaires pour se livrer avec profit aux
diverses cultures arborescentes. Nous croyons cependant utile de résumer en quelques lignes leur importance au point de vue de la production en général. La
vigne, l'une des principales de ces sortes de culture,
recouvre en France, déduction faite des vignobles de
l'Alsace et de la Lorraine perdus par suite de la guerre,

2,380,000 hectares. La superficie vinicole s'est constamment accrue depuis le commencement du siècle
jusqu'en 1849, époque où l'oïdium a fait son apparition. Lorsqu'en 1860 on eût adopté la méthode du
soufrage d'une manière à peu près générale, l'étendue
des terres plantées en vigne, qui était alors de 2 millions
deux cent cinq mille hectares, s'est successivement accrue jusqu'en 1870 ; à ce moment les vignobles ont
occupé une superficie de 2,614,000 hectares. Depuis
cette date, les ravages du phylloxera ont ramené les
vignes au chiffre actuel, c'est-à-dire à 2,380,000 hect.

La moyenne annuelle de la production des vignobles
pendant les dix dernières années, de 1863 à 1874,
a été de 53,301,000 hectolitres, avec des fluctuations
variant d'un peu moins de 36 millions d'hectolitres
en 1873 et 7 millions en 1869. Pendant les cinq dernières années, les chiffres officiels de la récolte ont été
les suivants :

1870.....	53,538,000	hectolitres
1871.....	57,084,000	—
1872.....	50,528,000	—
1873.....	35,770,000	—
1874.....	63,146,000	—

Pendant l'année 1873, l'écart de la production au-
dessous du chiffre d'une année moyenne avait été de
26 millions d'hectolitres ; en 1874, il y a eu un excé-

dant de plus de 10 millions sur une année moyenne. On s'est donc trouvé tout d'un coup, dans l'espace d'une année, en présence d'un excédant de 28 millions d'hectolitres dont la consommation intérieure et le commerce des vins ont eu à disposer. Mais, à côté des chiffres qui représentent la quantité, il faut tenir compte de la qualité qui est un des éléments les plus importants de la production vinicole. Les années où ces deux facteurs se trouvent réunis sont effectivement fort rares. Un travail intéressant a été fait à ce sujet pour le Bordelais, l'un des principaux centres vinicoles du monde, comme l'on sait. On a constaté que, depuis le commencement du siècle, le Bordelais avait eu 14 années très bonnes et 19 bonnes, tandis qu'on ne comptait que 13 années abondantes et 6 très-abondantes ; les unes et les autres n'ont concordé que rarement ensemble : une seule fois, en 1811, il y eut grande abondance et qualité exceptionnelle.

Après les produits des vignes, citons les cidres et les poirés provenant des pommiers et des poiriers, principalement cultivés en Normandie et en Bretagne. Ces boissons entrent pour 15 millions d'hectolitres dans la consommation annuelle de la France.

Le prunier ne donne pas de produits moins précieux dans une partie de la France méridionale, et principalement sur les bords de la Garonne et dans la vallée

du Lot. L'industrie des pruneaux, fondée depuis le
XIIIe siècle dans l'Agenais, a pris aujourd'hui une
grande importance. On estimait, en 1859, à 5 millions
de francs le produit brut fourni par la culture du prunier. En 1866, il avait atteint 6 millions de francs.[1] Le
prunier est cultivé presque partout, associé à la vigne,
soit au milieu même des vignobles, soit dans les vergers. Cette dernière disposition consiste à diviser les
champs en bandes parallèles d'une largeur de 6 à
20 mètres chacune. Les divisions des bandes sont
remplies par une ou deux rangées de vigne, et c'est
entre ces vignes que sont plantés les pruniers. La réunion du prunier et de la vigne offre le grand avantage
de faire bénéficier le prunier des deux façons données
à la vigne et de conserver ainsi aux racines, dont le
développement a lieu dans les premières couches du
sol, l'humidité nécessaire à la végétation. Les pampres
et les larges feuilles de la vigne contribuent également
à entretenir dans le sol une certaine fraicheur et à protéger les racines des pruniers contre l'action trop ar-
dente du soleil. On évalue le produit moyen de chaque arbre à 6 kilogrammes de pruneaux, mais on a

---

[1] Enquête agricole de 1866 dans le département de Lot-et-Garonne.
Aujourd'hui, en 1876, les produits du prunier sont évalués, en moyenne
e par an, à 8 millions de francs pour le même département.

vu des arbres qui en ont porté jusqu'à 50 kilogrammes.
Les pruniers étant espacés à 10 mètres les uns des
autres, le produit moyen d'un hectare peut être estimé
à 600 kilogrammes de pruneaux dont le prix de vente
varie, suivant les années, de 35 à 60 fr. les 50 kilogr.

L'olivier, dans les départements du Sud-Est, produit
annuellement 300,000 hectolitres d'huile ; le mûrier,
dans la même région, donne une valeur agricole estimée
à plus de 76 millions de francs. Le noyer, cultivé principalement dans le Dauphiné, le Périgord et le Berri,
fournit des produits tout aussi importants ; le seul
département de la Dordogne crée par an, en noix, une
valeur supérieure à 7 millions de francs. Enfin, les
arbres à parfum, oranger, rosier, jasmin d'Espagne et
cassis, entrent pour une large part dans la production
des départements méridionaux. A côté de ces arbres
ou arbrisseaux, quelques cultures de plantes herbacées,
telles que le géranium, la violette, la tubéreuse, tendent à se généraliser de plus en plus dans l'extrême
midi. Concentrées d'abord autour des villes et dans
quelques villages, elles gagnent chaque jour du terrain
et prennent une extension nouvelle. L'histoire de ces
cultures et des importantes industries qui se sont
créées pour en utiliser les produits, à Nice, à Grasse, à
Cannes, prendra désormais une large place dans l'économie rurale du midi de la France.

VII

Système de culture avec importation d'engrais.

Nous en avons fini avec l'étude des systèmes de culture qu'on pourrait qualifier d'agriculture prépara-toire ; chacune de ces étapes nous rapproche de cet état, pour ainsi dire idéal, de l'agriculteur transformant son exploitation en une véritable usine, où le chômage est inconnu, où la terre est obligée de produire au moins une récolte par année. Tel est le système de culture continue avec importation d'engrais connu aussi sous le nom de culture alterne.

La première loi caractéristique de ce système de culture se trouve dans l'extension des cultures fourra-gères ; la seconde loi, qui est non moins importante, réside dans l'importation des engrais non produits par le sol. C'est dire que, pour aborder avec quelque chance de succès la culture continue, il est nécessaire de disposer de capitaux suffisants pour l'achat des engrais. Sans cultures fourragères étendues et sans avances d'argent, il faut renoncer à cultiver le sol d'après cette méthode.

Les prairies artificielles sont la base de la culture continue. C'est à la fin du siècle dernier que ces plantes

ont commencé à être estimées à leur juste valeur. Un
agronome distingué de cette époque, Gilbert, reçut
un prix important de la Société d'agriculture de la
Généralité de Paris pour un travail remarquable sur
les avantages des prairies artificielles et la meilleure
manière de les cultiver. Depuis ce moment, les prairies
artificielles ont pris une extension considérable dans
les environs de Paris. En 1790, elles n'y occupaient
que le dixième des terres arables ; aujourd'hui, elles
recouvrent le quart de cette surface, et cela aux dépens
de la jachère et des terres incultes.

Dès 1761, la Société d'agriculture de Rouen cons-
tatait que, depuis soixante ans, la culture des terres
en labour sans jachères s'étendait dans le pays de
Caux sur une surface d'une longueur de dix à douze
lieues et d'une largeur de sept à huit lieues. La faveur acquise par cette culture reposait alors, comme
aujourd'hui, sur cette opinion que la terre se ré-
pare mieux en produisant des plantes propres à lui
fournir des éléments fertilisants qu'en ne produisant
rien.

Mais si la culture des prairies artificielles est la base
du système des récoltes continues, elle ne suffit pas
à en assurer le succès, lorsque la rente du sol est élevée.
Il faut alors viser à des produits maxima et, par conséquent, faire des importations d'engrais. La ligne de

conduite à suivre pour l'achat des engrais a été
indiquée plus haut ; il n'y a donc pas lieu d'y revenir.

Si nous entrons maintenant dans le domaine de la
pratique, nous constaterons que le système des récoltes
continues ne ramène les céréales sur le même sol
qu'après une année d'intervalle et en utilisant cette
année par des récoltes qui permettent de nettoyer,
d'ameublir et de fumer la terre. Ces récoltes sont ce
qu'on appelle des récoltes sarclées ; elles peuvent
comprendre indifféremment des plantes fourragères
ou industrielles. L'assolement peut embrasser une
rotation de deux ans, de quatre ans et même avoir
une plus longue durée. Il doit être calculé de manière à entretenir le plus grand nombre possible de
têtes de bétail.

Il faut toutefois se garder, à propos des systèmes
qui nous occupent, d'une erreur longtemps accréditée
chez un grand nombre d'agriculteurs. Nous voulons parler de la propriété attribuée à certaines plantes de la
famille des légumineuses, qu'on a qualifiées de plantes
améliorantes, d'accroître la fertilité du sol. Aux yeux
de certains agriculteurs, les plantes de cette famille
jouissent de la faculté admirable de pouvoir emprunter
directement à l'atmosphère les principes fertilisants

qu'elle contient, l'azote par exemple, et de les fixer
dans le sol. C'est là une appréciation fausse dont il est
facile de trouver la véritable explication dans le mode
de végétation des plantes. Les légumineuses, et principalement les luzernes, émettent de longues racines
qui pénètrent profondément dans les couches inférieures du sol et y puisent les éléments dont elles ont
besoin. Les plantes de la famille des graminées, au
contraire, végètent dans les couches supérieures et se
nourrissent des principes qui y sont renfermés. Les
unes et les autres épuisent donc le sol, mais elles
l'épuisent d'une manière différente. Par l'alternance
de ces diverses plantes, la terre se repose et s'enrichit
même des détritus des unes et des autres.

Le système des récoltes continues ne peut jamais
être introduit avec succès dans une exploitation qu'il
s'agit de mettre en culture. Les défrichements demandent d'autres méthodes. Mais si la terre a déjà acquis
un certain degré de fertilité et si le cultivateur peut ou
veut faire au sol les avances nécessaires en engrais,
il s'assure, par ce procédé, des produits beaucoup plus
abondants et surtout une plus grande rémunération
du travail et du capital. Pour porter ses fruits, une
telle méthode demande du temps ; on ne saurait donc
trop insister sur la nécessité, lorsque la terre est cultivée par fermage, de faire des baux d'une longue

durée afin d'engager les fermiers à pratiquer la culture alterne.

Le fermier, comme nous le disions au **commence-ment** de cet ouvrage, a surtout pour but, pendant les dernières années de son bail, de retirer du sol les avances qu'il y a placées et qui peuvent constituer pour lui des épargnes considérables. Multiplier les baux, c'est donc multiplier les causes d'épuisement et de détérioration de la propriété.

VIII

Système de culture avec production et consommation d'engrais.

Le système de culture avec production et consom-mation d'engrais est le dernier que nous ayons à étu-dier. Il repose sur les mêmes principes que le précédent ; il s'en distingue, toutefois, en ce qu'il doit pouvoir se passer d'engrais extérieurs et soutenir la fertilité du sol à l'aide des engrais produits dans la ferme. Cette méthode est basée, d'un côté, sur la production d'une grande quantité de fumier par l'ex-tension des cultures fourragères et l'entretien d'un nombreux bétail, et, d'un autre côté, sur l'enfouisse-ment de certaines récoltes vertes telles que le lupin, le seigle, le trèfle, etc., désignées sous le nom

d'engrais verts. Aux yeux d'un grand nombre d'agronomes, ce système est le type de la perfection. Le
sol doit avant tout, disent-ils, se réparer et s'enrichir
par lui-même, les engrais auxiliaires ne devant venir
qu'en seconde ligne. Pour eux, l'agriculteur qui
achète des engrais ne s'enrichit qu'aux dépens du
voisin ; ce dernier, à son tour, entretient la production du sol avec la fertilité d'autrui et ainsi de suite,
car, en fin de compte, tout vient de la terre.

Cette théorie est plus spécieuse que vraie. Les conditions de l'agriculture sont telles aujourd'hui qu'elle
doit produire beaucoup pour arriver à des résultats
rémunérateurs. Or, dans le cas présent, la production
doit fatalement trouver un point d'arrêt. La restitution au sol des principes exportés a lieu, il est vrai,
par le fumier, mais celui-ci ne représente qu'une partie des éléments enlevés au sol par les plantes fourragères : le reste a servi à former la charpente et la
chair du bétail et est exporté du domaine. Quelque
minime que soit cette part, quand on vend un animal,
on vend une partie de la terre, et, pour ne pas voir
tous les éléments constitutifs de la fertilité s'en aller
ainsi peu à peu, il faut les restituer au sol sous forme
d'engrais complémentaires.[1] Il en est de même pour

---

[1] Baron J. de Liebig ; Lettres sur l'agriculture moderne.

les produits exportés, les grains par exemple. Il est impossible de rendre au sol toute la fertilité enlevée par ces récoltes, puisque le fumier destiné à la réparer est produit par des animaux qui ont eux-mêmes appauvri les cultures fourragères. Quant à l'assertion émise par certains agronomes, qui consiste à vouloir retrouver dans l'atmosphère les principes exportés, on peut répondre hautement qu'il n'y a rien de moins prouvé aujourd'hui, sauf en ce qui concerne le carbone.

Il faut cependant se garder d'exagérer. Le système de culture avec production et consommation d'engrais est de beaucoup supérieur au système des jachères : il permet d'accroître les produits de l'exploitation dans une notable proportion pendant une longue période d'années et, par cela seul, il constitue un grand perfectionnement.

Pour suivre avec profit un tel procédé de culture, on doit se conformer à certaines règles dont nous allons donner une énumération.

Il faut : 1° cultiver une étendue de plantes fourragères suffisante pour créer l'engrais enlevé au sol par les produits ; 2° posséder un assez grand nombre d'animaux pour consommer les fourrages destinés à entretenir la fertilité du sol ; 3° établir le rapport qui doit exister entre les deux productions de plantes fourra-

gères et exportables d'après l'état sec des différents
éléments soumis au calcul (fourrages et déjections des
animaux), afin de procéder avec des termes de comparaison toujours identiques ; 4° tenir compte de la perte
de fourrages qui a lieu par la digestion des animaux
(0,473), et des pertes diverses occasionnées par leur
accroissement, la sécrétion laitière, le temps passé
hors de l'étable, etc.[1]

L'étendue des plantes fourragères est déterminée,
avons-nous dit, par les besoins des plantes exportables. Mais ces plantes épuisent elles-mêmes le sol ; il
faut donc cultiver une étendue supplémentaire de
fourrages, qui exigera également une nouvelle superficie de plantes fourragères ; cette dernière épuisera
à son tour le sol et nécessitera la culture d'une nouvelle surface de fourrages et ainsi de suite jusqu'à ce
qu'on arrive à un équilibre parfait entre la production
et la consommation. Il est facile de voir, en effectuant
les calculs, que ces différentes étendues ont une certaine relation entre elles et forment les différents
termes d'une progression géométrique décroissante.
Il suffit alors, pour abréger le nombre des opérations,
de faire usage de cette règle d'arithmétique.

---

[1] Économie rurale de M. Boussingault ; — Chimie agricole de M. Isi-
dore Pierre ; — Cours d'agriculture de M. de Gasparin.

Il est certains cas cependant où le système de culture avec consommation et production d'engrais dans la ferme est susceptible de conserver indéfiniment la fertilité du sol; c'est lorsque les prairies sont irriguables, ou lorsqu'elles reçoivent, par l'intermédiaire de nappes d'eau souterraines, les principes enlevés par les récoltes. Ces circonstances sont fort rares et il n'est pas possible d'établir sur elles un système absolu.

Le système qui nous occupe en ce moment a eu et a encore de grands partisans; il lui manque malheureusement la consécration du temps. Par un ensemble de circonstances, qui semblent aujourd'hui faire loi, il a été remplacé dans la plupart des exploitations agricoles dont l'histoire a été conservée et qui servent en quelque sorte de guides pour l'économie rurale, par le système d'importation d'engrais. Il est vrai qu'on ne peut pas le juger d'une façon absolue d'après ce fait; mais on peut, tout au moins, en conclure son infériorité vis-à-vis du système de l'achat des engrais.

En résumé, le système de la culture alterne sans importation d'engrais doit être considéré comme un grand perfectionnement, eu égard aux systèmes anciens. Il présente sur le système qui achète des engrais le grand avantage de ne demander qu'un capital

d'exploitation beaucoup moins élevé ; mais, en re-
vanche, il donne des produits moins abondants et il ne
peut assurer le maintien absolu de la fertilité du sol
que dans des circonstances restreintes. Enfin, il permet rarement l'extension des cultures industrielles et
des cultures potagères, qui sont deux grandes sources
de richesse pour l'agriculture moderne.

Pour montrer d'une façon plus évidente la valeur
incontestable du système de culture avec importation
d'engrais, au point de vue de l'amélioration du sol,
nous placerons ici un court aperçu de la situation
agricole du département du Nord, où cette méthode
est suivie par le plus grand nombre des agriculteurs.

La Flandre française, qui forme la majeure partie
de ce département, est réputée, à juste titre, pour le
pays du monde le mieux cultivé. Ce n'est pas d'aujourd'hui que ce fait a été constaté ; il était admis dès
le siècle dernier, avant que les nouvelles théories sur
la production agricole aient été développées. Mais depuis l'adoption des cultures industrielles, l'élevage et
l'engraissement du bétail se sont considérablement
accrus, et cette prospérité a pris des proportions que
l'on était loin d'attendre. Un tel essor est dû, en
grande partie, à la culture de la betterave qui, inconnue il y a soixante ans encore, couvre aujourd'hui
annuellement plus de 30,000 hectares, soit à peu près

le dixième des terres labourables. Cette plante, exi-
gèante en fait d'engrais, reçoit des fumures abondantes et plus que suffisantes pour restituer au sol les
principes enlevés par les différentes récoltes de l'assolement. C'est ainsi qu'il est possible aux agriculteurs flamands d'arriver à des rendements, en céréales
et en plantes potagères, inconnus ailleurs. On en jugera par le tableau suivant, établi d'après les dernières statistiques :

Blé. . . . . . . 22 à 24 hectolit. par hectare.
Seigle 21   —   —
Orge. 42   —   —
Avoine 50   —   —
Pommes de terre. 150   —   —
Betteraves. . . . 30.000 kilogrammes à l'hectare.
Trèfle . . (foin). 6.000   —   —
Luzerne . Id. . 5.000   —   —
Prairies. . Id. . 4.000 à 6.000   —
Houblon . (sec). 1.600   —   —

Ces chiffres, qui se rapportent à toutes les terres du
département, prennent encore de plus grandes proportions quand il s'agit de terres de bonne qualité et
bien fertilisées. Celles-ci produisent effectivement,
en moyenne, 40 hectolitres de blé, 60 d'avoine, 40
de féverolles, 40,000 kilogrammes de betteraves à

sucre, 7,000 kilogrammes d'hivernage, etc. C'est grâce à l'emploi bien compris des engrais qu'on est arrivé à de tels résultats.

Outre le fumier de ferme auquel on donne des soins constants et qu'on ne craint pas d'employer d'une manière permanente à la dose de 30,000 kilogrammes à l'hectare, on a recours au guano, aux tourteaux, à la marne, à la chaux, aux boues des villes, parfois aux vinasses des distilleries, et surtout à l'engrais flamand. On sait que cet engrais est formé par les déjections humaines achetées dans les villes et auxquelles on ajoute les urines des animaux domestiques. L'emploi des engrais complémentaires est tellement accrédité dans ces contrées que certains agriculteurs n'hésitent pas à répandre, avant les semailles de betteraves, de 2,500 à 4,000 kilogrammes de tourteau par hectare sur des terres qui ont déjà reçu une fumure complète de fumier ordinaire.

Les assolements usités par les agriculteurs du Nord sont de longue durée ; ils se prolongent, en général, jusqu'à cinq ans, et ils atteignent souvent une période de dix années. En voici quelques modèles appropriés aux diverses natures de terrains.

Terres argileuses. Première formule : 1° colza fumé ; 2° blé ; 3° trèfle cendré ; 4° blé ou avoine ; 5° pavot-œillette fumé ; 6° blé suivi de navets ; 7° hivernage ou avoine ;— Seconde formule : 1° blé fumé ; 2° fèves, pois ou betteraves ; 3° blé fumé ; 4° trèfle ; 5° blé ou orge fumé ; 6° lin fumé ; 7° orge ou blé.

Terres argilo-siliceuses. Première formule : 1° féverolles fumées ; 2° blé ; 3° orge ; 4° trèfle ; 5° lin avec tourteau ; 6° colza fumé ; 7° blé, puis navets avec engrais flamand ; 8° avoine ; — Seconde formule : 1° tabac fumé ; 2° betteraves ou pommes de terre ; 3° blé ; 4° trèfle ; 5° blé avec tourteau ; 6° lin avec tourteau ; 7° blé ; 8° avoine ; — Troisième formule : 1° betteraves fumées ; 2° blé ; 3° trèfle ou hivernage ; 4° avoine ; 5° betteraves fumées ; 6° blé ; 7° fèves fumées légèrement ; 8° betteraves fumées ; 9° blé ou avoine.

Terres sablonneuses fraiches : 1° chanvre fumé ; 2° blé ; 3° trèfle ; 4° lin avec tourteau ou colombine ; 5° chanvre fumé ; 6° blé ; 7° orge ; 8° fèves fumées ou chanvre ; 9° blé ; 10° avoine.

Terres légères : 1° blé fumé ; 2° escourgeon ; 3° trèfle avec demi-fumure ; 4° avoine ou pois ; 5° sainfoin ; 6° sainfoin ; 7° sainfoin ; 8° lin.

Les travaux de préparation des terres sont exécutés dans le département du Nord avec le plus grand soin. Après les récoltes de céréales, on procède au déchaumage, puis on laboure profondément et on donne ainsi au sol un ameublissement convenable. Les semailles

en lignes sont presque universellement adoptées pour
la plupart des récoltes. Quant aux hersages, aux roulages, aux binages et aux sarclages, nulle part ils ne
sont faits avec autant de soin que dans cette contrée.

A côté de la culture intensive et industrielle, le département du Nord offre également de remarquables
exemples de culture pastorale ; tels sont les arron-
dissements d'Avesnes, d'Hazebrouck et surtout de
Dunkerque, qui présentent de vastes pâturages parfaitement appropriés à l'élevage du bétail et à la production laitière.

Les concours pour la prime d'honneur ont mis en
relief dans les diverses parties de ce département les
principales exploitations et leurs différents systèmes.
C'est la ferme de Masny, près Douai, exploitée par
M. Fiévet et primée en 1863, qui peut offrir un des
meilleurs exemples de l'application des procédés
scientifiques à l'industrie rurale. Aussi a-t-elle été
l'objet de nombreuses études. Nous en donnerons
également ici un aperçu.

A la ferme de Masny est annexée une sucrerie, et
c'est l'union des industries agricole et sucrière qui a
fait le succès de l'exploitation.[1] En effet, M. Fiévet

─────────────

[1] *L'Agriculture du nord de la France*, par J.-A. Barral, tome Ier.

cherche d'abord à conserver pour la ferme, par l'emploi des déchets de la sucrerie, la presque totalité des
matériaux fécondants enlevés par les betteraves ; il
s'efforce, en second lieu, de produire avec les autres
cultures le plus d'engrais possible, en faisant consommer sur l'exploitation, afin de les transformer en
matières fertilisantes, la majeure partie des récoltes ;
enfin, il n'exporte au dehors qu'à la condition de pouvoir, tout en retirant un bénéfice, restituer, en définitive, plus qu'il n'aura été enlevé. Pour atteindre un
tel but, M. Fiévet, sans s'astreindre à une formule
rigoureuse d'assolement, tient à l'alternance des cultures et il évite la répétition des mêmes récoltes sur
les mêmes terres à des intervalles trop rapprochés.
Ainsi les betteraves occupent environ le tiers des
terres en culture, le blé entre pour un autre tiers, et
enfin le dernier tiers est partagé entre le lin, l'avoine,
le seigle, les prairies artificielles, les prairies naturelles, les fèves, les hivernages, les petites cultures et
les jardins. Pour toutes les cultures, on laboure à une
profondeur de 25 à 35 centimètres et quelquefois
même le sous-sol est remué à l'aide d'une charrue
fouilleuse.

Dans la période de onze années, écoulée de 1853 à
1863, les rendements de blé par hectare, à Masny, ne
sont jamais descendus au-dessous de 20 hectolitres et

demi et ils ont dépassé une fois 41 hectolitres. Le
rendement moyen a été de 32 hectolitres. Depuis 1863,
cette moyenne a encore été accrue. M. Fiévet attribue
ces succès aux causes suivantes : les labours profonds,
le drainage, qui a élevé la taille des blés, le choix et
l'emploi des engrais, des fumiers et des tourteaux, les
irrigations avec les eaux de la fabrique de sucre, la
culture en lignes avec orientation des lignes, les binages, hersages et roulages au printemps, l'emploi
pour semences d'une graine de deux ans chaulée
avec soin, enfin le choix et quelquefois le mélange des
variétés de froment. Les blés sont ensemencés, soit
après les betteraves, soit après les fèves ou les avoines.
M. Fiévet estime que les betteraves ont laissé le tiers,
et les fèves et les avoines, la moitié des engrais mis
dans le sol. C'est là une appréciation que nous n'avons
ni à justifier ni à critiquer ; nous nous bornerons à dire
qu'il n'y a rien de plus difficile à établir, si toutefois
même on peut y parvenir, que le compte des engrais
en terre.

La culture de la betterave est la base de l'exploitation de Masny ; on en comprend facilement la raison,
M. Fiévet ayant surtout en vue la fabrication du sucre
et l'engraissement du bétail sur une grande échelle.
Les semailles se font sur une terre qui reçoit souvent
65,000 kilogrammes de fumier par hectare, plus 800

à 1,000 kilogrammes de tourteaux, des écumes de défécations, etc. Leur rendement moyen, durant une période de onze années, a été de 46,380 kilogrammes
par hectare ; il a dépassé trois fois 50,000 kilogrammes, et il a atteint une fois 60,000. C'est grâce
aux soins minutieux de culture dont cette plante est
l'objet que le blé a donné, à Masny, les beaux résultats indiqués plus haut. C'est aussi pour la même
raison que le lin, qui est après la betterave et le blé
la culture la plus importante de la ferme, donne un
bénéfice moyen de 220 francs par hectare.

Sans nous arrêter aux cultures secondaires, disons
tout de suite que, d'après les relevés faits par M. Barral
sur les livres de comptabilité de la ferme, le produit
brut moyen de la culture de Masny est de 875 francs
par hectare et le produit net, tous frais de fermage,
de direction, etc., étant payés, de 151 francs. Nous
allons examiner, avec plus de détails, de quelle manière ces résultats sont obtenus ; cette étude aura
pour avantage de démontrer la nécessité de faire des
avances considérables pour atteindre, en agriculture,
un haut degré de prospérité.

L'ensemble du cheptel mort s'élevait, en 1865, sur
la ferme de Masny, tant pour les travaux d'intérieur
que pour ceux d'extérieur de ferme, à 76,000 francs
pour 232 hectares, soit à 338 francs par hectare. Les

avances aux terres emblavées et les récoltes en ma-
gasin ont formé, chaque année, d'après les inven-
taires, un total qui, pendant la période de 1853 à
1863, a varié de 150,000 à 300,000 francs environ.
Le capital du fermier pour son cheptel mort, ses cultures et ses engrais, a été de 200,000 francs en
moyenne pour cette période. La valeur des engrais
entre par an, dans ce total, pour une somme moyenne
de 277 francs par hectare emblavé.

La valeur du cheptel vivant doit encore venir augmenter cette première mise de fonds. La population
en animaux domestiques, soit d'élevage, soit d'engraissement, a également suivi une progression croissante à Masny. Elle n'était, au début de l'entreprise,
que d'une demi-tête de gros bétail par hectare ; en
1864, elle atteignait une tête par hectare. M. Fiévet
était ainsi arrivé à entretenir sur sa ferme un
nombre d'animaux égal en hectares à l'étendue de
l'exploitation et, dès cette époque, il avait atteint un
résultat qui est considéré, on le sait, comme l'idéal
d'une bonne agriculture.

En résumé, le capital d'exploitation, qui était primitivement de 800 francs par hectare, a été doublé en
dix ans ; il dépassait, en 1864, 1,600 francs. Tous
frais défalqués, le bénéfice moyen annuel a été de

13 pour 100. Mais ce bénéfice, à Masny comme dans
toutes les exploitations rurales, a subi de grands écarts
et s'est quelquefois converti en perte. « Dans une
année, dit M. Barral, la perte a été plus considérable
que ne l'est le bénéfice moyen pris sur un ensemble
de onze ans, et dans une autre le bénéfice est tombé
à environ le vingtième de la moyenne. On conçoit dès
lors comment il se fait que le cultivateur, qui n'a pas
de fortune personnelle ou qui ne jouit pas de crédit
ou encore qui dépense trop dans les années prospères,
se trouve réduit aux plus dures extrémités lorsque
surviennent de désastreuses circonstances météorolo-
giques réduisant les produits presque à rien et exi-
geant néanmoins des frais parfois exagérés pour
sauver le peu que la nature lui accordera. » Il
n'en reste pas moins démontré que l'agriculture ,
comme toutes les autres industries, paye largement
les efforts de celui qui s'y adonne dans de bonnes
conditions.

Telle est, dans ses traits principaux, la grande ferme
de Masny. Il nous reste à établir comment, avec une
production aussi abondante, on a pu conserver et
même augmenter la fertilité du sol.

Nous avons vu plus haut que l'azote, l'acide phosphorique et la potasse étaient les principaux éléments de
la production des récoltes, et qu'il était nécessaire

d'en maintenir et même d'en augmenter les proportions dans la terre arable. Or, tout le succès de la
ferme de Masny est dans ce fait que l'importation par
les engrais de ces trois principes précieux est plus
considérable que l'exportation qui en est faite par les
récoltes vendues au dehors.

D'après l'étude approfondie qu'il a faite des récoltes
de Masny, M. Barral a évalué la perte annuelle à
93 kilogrammes d'azote, à 26 kilogrammes d'acide
phosphorique et à 42 kilogrammes de potasse par
hectare. Or, les engrais : pulpes de sucrerie, tourteaux de lin et de colza, écumes de défécations, etc.,
répandus sur les terres, restituent tous les ans cinq
fois plus d'acide phosphorique, presque autant de potasse et une quantité d'azote supérieure à la consommation des plantes. La fertilité du sol va donc en s'ac-
croissant d'une manière continue. En dehors de cette
restitution se trouve celle qui se fait, à Masny comme
partout ailleurs, à l'aide des agents atmosphériques
ou d'autres circonstances, telles que les irrigations et
les apports faits par les eaux souterraines, qui peuvent
suffire seuls dans certains cas, ainsi que l'ont prouvé
les travaux de savants agriculteurs, à l'entretien
d'une production limitée.

IX

De la valeur du sol.

La valeur du sol, c'est-à-dire le prix de vente, doit être considéré comme un des principaux éléments pouvant permettre de déterminer la valeur des systèmes de culture. Aussi croyons-nous devoir compléter l'exposé que nous venons d'en faire par une évaluation des différentes natures de terre.

D'après une remarquable étude de M. Dubost, professeur à l'école d'agriculture de Grignon,[1] la valeur du sol varie, en France, de 50 fr. à 50,000 fr. par hectare. Ce sont les pâturages des Landes, de la Crau et des Alpes qui occupent le bas de l'échelle ; ceux de la Bretagne, du Berry et de la Sologne ont une valeur plus élevée qui peut atteindre parfois 300 à 400 fr. par hectare. Les prairies naturelles se vendent en moyenne de 2,000 à 4,000 fr. l'hectare, quand elles ne sont pas arrosées ; cette valeur peut s'élever à 10,000 fr. et au delà pour les prairies irriguées. Les terres arables sont payées de 500 à 5,000 fr. par

---

[1] Dubost, *Journal des Économistes*, 1870.

hectare. Les cultures arbustives, et surtout la vigne,
donnent encore une bien plus grande valeur au sol ;
les terres plantées en vignes sont rarement estimées
au-dessous de 3,000 fr.; elles atteignent souvent de
10,000 à 12,000 fr. et elles arrivent même à une valeur de 50,000 fr. pour les sols qui produisent certains
grands crus, tels que le Château-Margaux ou le Châ-
teau-Lafitte dans le Bordelais.

Au point de vue des systèmes de culture, la valeur
du sol se modifie de la manière suivante : avec le système
de culture intermittente, la valeur moyenne du sol,
en corps de domaine, est de 150 à 200 fr. En Algérie
où règne la culture pastorale, qui laisse une fraction
minime de terrain aux jachères, cette valeur ne
s'élève qu'à 30 ou 35 francs par hectare. Lorsque la
culture arable s'étend aux dépends des pâtures, la valeur
du sol monte à 400 fr. ou 500 fr. par hectare ; elle
atteint 1,000 fr. lorsque les prairies naturelles prennent une plus grande extension et que les pâturages
deviennent restreints. Quand tout le sol est défriché,
mais qu'il est encore soumis au régime de la jachère,
la valeur moyenne de l'hectare s'élève à 1,500 fr.
Lorsque la culture alterne a remplacé la jachère, le
chiffre de vente monte à 2,000 fr.; il dépasse 3,000 fr.
et s'élève jusqu'à 5,000 et 6,000 fr. avec la culture
industrielle. Enfin, dans le voisinage des grandes

villes, là où la culture s'applique à la production des
fruits et des légumes, la valeur du sol atteint 8,000 et
10,000 fr. par hectare.

Selon la concurrence et le nombre des acheteurs,
cette valeur subit d'importantes oscillations dans chacune des diverses catégories de sol que nous venons
de décrire. De là l'existence de deux cours appelés par
les économistes la valeur en usage et la valeur réelle
du sol. Il est donc important, pour l'acquéreur du sol
comme pour celui qui veut l'affermer, de connaître la
valeur réelle et de pouvoir se rendre compte du taux
auquel il place ses capitaux.

Prenons un exemple pour mieux faire comprendre
notre pensée. — Soit une terre produisant, année
moyenne, 20 hectolitres de blé estimés 20 fr. l'un, et,
déduction faite de l'impôt et des frais de culture, pouvant donner un revenu net de 200 fr. La valeur du
sol pourrait être déterminée dans le cas présent, si
l'on voulait se contenter d'un revenu de 3 pour 100,
par la formule suivante : 3 : 200 :: 100 : X.

Tout calcul effectué, X égalerait 6,666 fr.

Mais l'évaluation du sol ne se présente pas toujours
sous une forme aussi simple ; on a à estimer, avec des
terrains nus, des sols complantés de vignes, d'arbres,
couverts de constructions ou bien améliorés par des

drainages, des irrigations ou des engrais. Ces diverses
améliorations ont nécessité des avances de capitaux et
ont accru le revenu du sol d'une façon temporaire, il
est vrai, mais dont il faut pouvoir tenir compte. Dans
ce cas, on peut encore arriver à déterminer la valeur
du sol en faisant usage d'une double opération. On
donne d'abord au sol une valeur égale à celle du sol
nu, puis on ajoute à cette première estimation une
certaine somme représentant, en intérêts et amortissement, la valeur de l'amélioration, pendant une
période de temps égale à la durée et à la jouissance
de ces améliorations par l'acquéreur ou le fermier.[1]
On obtient ainsi la valeur du sol transformé ou même
amélioré d'une façon temporaire. Il est toujours possible, on le voit, de se rendre compte, grâce
aux diverses méthodes indiquées ici, de la valeur
réelle d'un terrain ou d'une exploitation déterminés.

---

[1] *Traité d'Économie rurale*, par M. Londet, tome II, chap. XVII.

CHAPITRE IV.

~~

CONCLUSIONS.

Quelles conclusions faut-il tirer de l'examen successif de tous les systèmes de culture que nous venons de passer en revue dans les chapitres précédents ? Sont-ce des lois générales et les agriculteurs doivent-ils espérer trouver dans l'un d'eux une ligne de conduite toute tracée pour l'administration de leur domaine ? Certainement non. Chaque exploitant doit approprier, suivant les ressources dont il dispose et suivant les circonstances où il se trouve placé, tout ou partie de sa culture à tel ou tel système. Une méthode appliquée dans toute la rigueur de sa formule ne présente, en général, de solution réellement pratique que dans des cas exceptionnels.

Les terres d'une exploitation ne sont pas toutes, en effet, de même nature ni également disposées. Un domaine peut, par exemple, être composé à la fois de portions montagneuses et éloignées qu'il est plus avantageux de cultiver en bois ; de parties situées en

plaines et susceptibles d'être irriguées, qu'il est préférable de mettre en prairies ; de parties pauvres qu'il
est convenable d'exploiter par le régime celtique ; et
enfin de portions plus riches où l'on peut cultiver des
plantes exportables et suivre un système de culture
avec production et consommation d'engrais. C'est
donc au chef de l'exploitation à faire, selon les circonstances, des applications convenables des principes
que la science agricole a mis à sa disposition.

En général et contrairement à ce qu'on rencontre
dans la pratique ordinaire, il est avantageux, afin d'arriver au maximum de rendement par hectare (méthode
qui en fin de compte assure les plus gros bénéfices nets),
de concentrer toutes les forces dont on peut disposer
sur les parties les plus fertiles du domaine et de faire,
sur les autres portions, de la jachère ou tout autre système de culture extensive. C'est dans le même ordre
d'idées qu'on doit, pour créer une plus grande somme
d'engrais et partant de fertilité, réserver les meilleures
terres pour les prairies et les fumer abondamment :
on doit aussi créer des prairies artificielles auxquelles
on donnera sans crainte de fortes doses d'engrais. Au
fur et à mesure que les ressources en engrais deviennent plus abondantes par l'extension des fourrages et
le nombre croissant du bétail, on diminue les jachères
et toutes les cultures extensives. On défriche enfin les

prairies artificielles que l'on reforme sur d'autres parties du domaine, et on récolte sur ces défrichements d'abondants produits.

Quelle que soit la méthode d'exploitation adoptée par le propriétaire, qu'il ait affaire à un fermier ou à un métayer, il lui sera toujours possible d'améliorer son domaine. Pour y arriver, il suffit d'exiger dans le bail que l'exploitant entretienne constamment une certaine étendue de prairies naturelles ou artificielles, de cultures arborescentes, forestières, etc., suivant les conditions où se trouve la propriété. Il laissera d'ailleurs celui-ci libre de choisir, pour les autres parties du domaine, l'assolement qu'il jugera le plus profitable.

Il est difficile à un agriculteur de faire des entreprises culturales malheureuses lorsque, avant de s'y livrer, il en a constaté les avantages ou les inconvénients à l'aide des données scientifiques qui sont bien acquises aujourd'hui et en s'appuyant sur des calculs de prévision. Si dans ces dernières années on a constaté quelques revers, n'a-t-on pas dû souvent en attribuer la principale cause à l'insuffisance des connaissances scientifiques et économiques ? L'industriel, qui entreprendrait de vastes opérations sans avoir calculé, à l'aide de données certaines, les conditions de son entreprise, ne s'exposerait-il pas au même danger ? L'agriculture est une industrie et elle doit en subir les lois générales.

En terminant , nous insisterons sur une dernière condition essentielle à remplir. Il ne suffit pas en effet, pour faire de la bonne agriculture, d'établir des comptes de prévision ; il est important de tenir une comptabilité exacte qui suive l'entreprise dans tous ses détails et éclaire constamment le chef de culture sur la marche qu'il suit. Nous ne pouvons pas entrer ici dans l'examen des différents systèmes de comptabilité qui ont été proposés : nous dirons seulement que, suivant l'importance de la culture, la comptabilité peut être tenue en partie simple ou en partie double ; mais cette dernière méthode est toujours préférable. La comptabilité en partie double est en effet la seule qui, à chaque inventaire, fasse ressortir avec clarté et précision les défauts ou les qualités du système de culture qu'on a suivi ; les faits qu'elle met en lumière doivent servir de guide pour les modifications qu'on peut faire avec fruit.

TABLE DES GRAVURES.

ERRATA.

—

Page 13, ligne 24; *lisez :* d'un domaine ; *au lieu de :* du domaine.

— 53, — 16 — de tout — tout.

— 63, — 18 — des contrées — de contrées.

— 65, — 20 — recouvrir — recevoir.

— 66, — 19 — 30 millimètres — 30 centimèt.

— 75, — 23 — Smyth — Surith.

— 120, — 10 — attaquent — entourent.

— 189, — 18 — paraissaient — paraissent.

— 224, — 21 — hectolitres — hectares.

TABLE DES MATIÈRES.

Agen — Imprimerie et Lithographie Noubel — F. Lamy, successeur

A LA MÊME LIBRAIRIE.

~~~~~

Journal de l'Agriculture, de la Ferme, des Maisons de campagne, de l'Économie rurale et de l'Horticulture, fondé et dirigé par J.-A. BARRAL, secrétaire perpétuel de la Société centrale d'Agriculture de France.

Le Journal de l'Agriculture parait tous les *Samedis* en un numéro de 52 pages. Il forme, par trimestre, un volume de 500 à 600 pages, avec de nombreuses planches et gravures.

Prix d'abonnement : France, un an, **20** fr. ; six mois, **11** fr. ; trois mois, **6** fr. Pour tous les autres pays, le port en sus.

Les abonnements partent du commencement de chaque trimestre.

On s'abonne, à Paris, aux bureaux du Journal, chez G. Masson, 10, rue Hautefeuille.

Etudes des Vignobles de France, par Jules GUYOT. Pour servir à l'enseignement mutuel de la viticulture et de la vinification française. — Seconde édition, augmentée d'une notice biographique sur le Dr Guyot, d'une table alphabétique des figures, d'une table des noms des personnes et des lieux cités dans l'ouvrage, et d'une table alphabétique et analytique des matières, par M. P. COIGNET. 3 vol. in-8°, avec 974 figures dans le texte et une carte viticole de la France : 30 fr.

Le Livre de la Ferme et des Maisons de campagne, par P. JOIGNEAUX, membre de l'Assemblée nationale, publié avec la collaboration de MM. Alibert, Ch. Ballet, Ern. Ballet, Em. Baudement, Louis Bigot, Victor Borie, Dr Candèze, Caumont-Bréon, E. Chapus, J. Cherpin, Dr Clavel, E. Delarue, Th. Delbetz, F. Fischer, Fonquet, Hamet, Hariot, L. Hervé, P.-J. Koltz, Alexis Lepère, Lhérault-Salbœuf, comte de la Loyère, Magne, H. Marès, Emile Pelletier, P.-E. Perrot, Pons-Tande, Eug. Renault, Rose-Charmeux, A. Sanson, baron de Sélis Longchamps, vicomte de Vergnette-Lamotte, etc.

Principales subdivisions du Livre de la Ferme : Agriculture proprement dite. — Zootechnie et zoologie agricole. — Pisciculture. — Vignes et vins. — Jardin fruitier. — Jardin d'agrément. — Sylviculture. — Hygiène. — Comptabilité. — Chasse. — Pêche.

2 volumes gr. in-8° jésus, ensemble plus de 4,000 colonnes, avec 1,724 figures dans le texte. Nouvelle édition, 32 fr. Le même, relié demi-chagrin, 40 fr.

L'Alimentation des animaux de la Ferme, par C.-V. GAROLA, 1 vol. in-18 avec tableaux et figures dans le texte, et une planche. 3 fr.

Agen. Impr. de P. Noubel — F. Lamy, successeur.

www.ingramcontent.com/pod-product-compliance
Lightning Source LLC
Chambersburg PA
CBHW060126200326
41518CB00008B/944